Heinz J. Nowarra
Heinkel und seine Flugzeuge

Professor Dr. Ernst Heinkel

Heinz J. Nowarra

Heinkel
und seine Flugzeuge

Mit 209 Abbildungen und 63 Zeichnungen

J. F. Lehmanns Verlag München

Gesamtherstellung: Graphische Werkstätten Kösel, Kempten.
Printed in Germany.
ISBN 3-469-00509-5

Inhaltsverzeichnis

Vorwort

Ständig erscheinen im Ausland Bücher über das konstruktive Schaffen deutscher Flugzeugbauer. In Deutschland selbst wird darüber geschwiegen. Man spricht und schreibt über Amerikaner und Russen, vergißt dabei aber, daß es zum großen Teil Deutsche waren, welche die Vorbedingungen dafür schufen, daß heute Strahlturbinenflugzeuge ziviler und militärischer Art den Luftraum beherrschen. Im vorliegenden Buch soll der Versuch gemacht werden, das Leben und Schaffen des deutschen Flugzeugbauers Ernst HEINKEL in einfacher Form zu schildern und seine Bedeutung auch für andere Länder darzustellen. Sein konstruktives Schaffen wird nach dem Verlauf seiner einzelnen Lebensabschnitte in einer Typenschau zusammengefaßt. Dabei soll auch HEINKELS Wirken für die Entwicklung des Flugzeugkatapults nicht vergessen werden.

Als Unterlagen dienten vorwiegend Aufzeichnungen des Seeflugzeug-Versuchskommandos Warnemünde 1914–1918, Aussagen ehemaliger Angehöriger der Firma Albatros, vor allem des ehemaligen, leider inzwischen verstorbenen technischen Direktors Robert THELEN, Veröffentlichungen der Heinkel-Werke, Rostock-Marienehe, der Ernst Heinkel AG Speyer und der Vereinigten Flugtechnischen Werke, Bremen, denen ich für ihre Hilfe besonders danken möchte. Das Bildmaterial stammt aus dem Archiv des Verfassers und wurde in langjähriger Arbeit zusammengetragen. Für Informationen und Bildmaterial aus Japan danke ich besonders Herrn Hideya ANDO, Tokio. Darüber hinaus möchte ich meinen Freunden Rainer HAUSCHILD, Berlin, und Thijs POSTMÄ Zwanenburg (Holland) für ihre Hilfe an diesem Buch herzlich danken.

Babenhausen, im Juni 1975 — Heinz J. Nowarra

Verzeichnis der Flugzeugtypen

Flugzeugtyp	Baujahr	Text Seite	Abbildung Seite	Zeichnung Seite
Heinkel				
HD 38	1929	69	201/202/203	–
HD 39	1926	69	205	70
HD 40	1927	70	204	71
HD 41	1928/29	70	202/204	–
HD 42	1931	71	206	72
HD 43	1931	72	205	–
HD 44	1929	72	205	–
He 45	1931/32	74	206/207	73
He 46	1931/32	74	207/208	75
He 49	1932	74	209	–
He 50 (Aichi DI A2)	1931	75	210/211	76
He 51	1933	76	211	77
HD 55	1930	77	212	–
HD 56 (Aichi E3 A1)	1930	78	214	78
HE 57 Heron	1931	79	213	79
HE 58	1930	80	216	80
He 59	1931	80	215	81
He 60	1931/33	81	216	82
He 61	1932	81	216	–
He 62	1933	83	217	–
He 63	1930/31	83	218	83/84
He 64	1932	91	218/219	91
He 65 (Aichi AM 17)	1932	92	219	92
He 66	1932	94	220	–
He 70	1932	94	220/221	95
He 71	1933	95	222/225	96
He 72 Kadett	1933	96	223/224	97
He 74	1933	98	223	98
He 100	1937/38	98	224	99
He 111	1937	100	225–229/230	102/103
He 112	1934/35	103	229/230	104
He 113	1938	104	–	105
He 114	1937	106	230/231/234	106
He 115	1937	107	231/232	107
He 116	1937	108	232	109
He 118	1937/38	109	233	110
He 119	1937	110	233/235	111
He 162	1944	112	235	113/114
He 176	1939	115	234	115
He 177	1939	116	235/236/237	117
He 178	1939	118	236	120
He 219	1942	120	237	121
He 274	1944/45	123	238	123
He 280	1941	124	238/239	124
He 343	1944/45	125	–	126
CM 191	–	127	–	–
Potex-Heinkel				
He 211	1958	128	–	127
HeP. 1068.01.80	1944	130	–	132
HeP. 1068.01.83	1944	130	–	132
HeP. 1068.01.84	1944	130	–	133
HeP. 1077 »Julia«	1944	131	–	133

Erläuterung der Flugzeugbezeichnungen

Albatros 1913/14

Hier handelt es sich um reine Firmenbezeichnungen. Da die von Heinkel entworfenen Baumuster *D* und *DD* erst nach Änderung die Militärbezeichnungen *B I* und *B II* erhielten, sind hier nur die Werksbezeichnungen verwendet worden.

Hansa-Brandenburg 1914–18

Auch hier handelt es sich um Werks-Typenbezeichnungen. Dabei ist zu bemerken, daß die in Deutschland entworfenen, in Serie aber nur in Österreich gebauten Heeresflugzeuge von den Lizenzfirmen eigene Bezeichnungen, meist nach der militärischen Klassifizierung, erhielten, z. B. *Hansa-Brandenburg KDD* = *Brandenburg-Phönix D I* und *Brandenburg-UFAG D I.* Die österreichischen Heeresflugzeuge trugen an der Rumpfseitenwand vierstellige Seriennummern, aus denen Typ und Triebwerk zu erkennen waren. Hierbei bezeichneten die ersten zwei Ziffern vor dem Punkt Hersteller, Typ und Triebwerk, die zwei Ziffern hinter dem Punkt um welches Flugzeug der Serie es sich handelte, z. B. *26.12* = *12*. Flugzeug der Serie *26* = *Brandenburg-Phönix C I* mit 160 PS Austro-Daimler.

Die für die deutsche Marine gebauten Flugzeuge trugen an der Rumpfseitenwand Nummern, die vom Reichsmarine-Amt den Herstellern serienweise zugeteilt wurden. Die österreichischen Marineflugzeuge, bei *Hansa-Brandenburg* handelt es sich hauptsächlich um Flugboote, trugen Registriernummern mit einem Buchstaben, der anzeigte, zu welcher Klasse sie gehörten. Von *Hansa-Brandenburg* wurden nur Flugboote der *Klasse A* = Jagdflugboote, einsitzig und *K* = Mehrzweckboote, soweit sie nicht von Lohner entwickelt waren, gebaut.

Caspar

U 1 bedeutete Unterseeboot-Flugzeug, S 1 und *S 2* Seeflugzeuge. Die Bezeichnung *S* wurde nach Gründung des Heinkel-Werkes, Warnemünde in *HE 1* und *HE 2* umgewandelt.

Heinkel

Ursprünglich unterschied man nur *HE = Heinkel-Eindecker* und HD = *Heinkel-Doppeldecker,* der Zusatz *L* bedeutete Landflugzeug, *W* Wasserflugzeug. Als die fortschreitende Entwicklung den Bau mehrerer Versuchsmuster erforderte, fügte man noch kleine Buchstaben dazu, die in alphabetischer Reihenfolge angaben, um welches Versuchsmuster es sich handelte, z. B. *HD 38 bW,* war das zweite Versuchsmuster des *Jagd-Doppeldeckers 38* auf Schwimmern.

Nach 1933, während des noch getarnten Aufbaus der deutschen Luftwaffe wurde dann bereits die sogenannte *»RLM-GL-C-Liste«* eingerichtet. Die Bezeichnung stammt allerdings erst aus der Zeit nach 1935. In diese wurden die bereits im Serienbau befindlichen Baumuster aufgenommen, erhielten aber vom Reichskommissariat für Luftfahrt, später Reichsluftfahrtministerium festgelegte Firmenkennzeichen. Die Versuchsmuster wurden von nun ab als *V-Muster* gekennzeichnet. So wurde aus der *HD 45* eine *He 45.* Die *HD 45 a* war nach der neuen Terminologie *He 45 V-1.* Aus dieser, während der Entwicklung dieser Baumuster stattfindenden Umschaltung, ergibt sich die teilweise verschiedenartige Bezeichnung. Das letzte Heinkel-Baumuster, das diese teilweise gemischte Bezeichnung der einzelnen Baumuster hat, war die *HE 70.* Es gibt da *HE 70 a* bis *HE 70 f,* was den Versuchsmustern *He 70 V-1* bis *V-6* entspricht, während im Serienbau bereits die neuen Bezeichnungen *He 70 C, F, G* usw. verwendet wurden.

Teil I 1888-1914

Den Schwaben geht in Deutschland der Ruf besonderer Tüchtigkeit voraus. Ihre schöpferische Tätigkeit auf allen Gebieten der Kultur und Zivilisation ist bekannt. Das gilt auch für den Motoren- und Flugzeugbau. DAIMLER, MAYBACH, BOSCH, HIRTH und HEINKEL waren Schwaben. Auch die Namen der ersten vier wird der Leser immer wieder in diesem Buch finden. Verfolgt man HEINKELS Leben, so drängt sich die Frage auf, welches seine hervorragendsten Gaben waren, seine Fähigkeiten als *Konstrukteur, Organisator* oder *Geschäftsmann.* Dieses Buch will darauf Antwort geben. Immer besaß er das Geschick, im rechten Augenblick zu erkennen, was gebraucht wurde, und bei jeder Aufgabe den richtigen Mann an den rechten Platz zu stellen. Darauf beruhte HEINKELS Weltruhm. Nach dem modernen Sprachstil der Wirtschaftswelt kann man sagen: HEINKEL war stets über die Marktlage gut informiert und hatte einen guten Griff für das mittlere Management.

Ernst HEINKEL wurde am 24. Januar 1888 in Grunbach/Remstal als Sohn eines Handwerkers geboren. Die Mutter entstammte einer Weingärtnerfamilie. Schon als Schüler der Realschule in Schorndorf und als Abiturient in Cannstatt war HEINKEL der Technik verfallen. *Ingenieur* zu werden war sein Traum. Zur Luftfahrt aber sollte ihn ein Ereignis bringen, das zu den größten Unglücksfällen zählte, das die deutsche Luftfahrt je betroffen hat. Am 5. August 1908 verbrannte vor seinen Augen das Zeppelinluftschiff LZ 4. Der werdende Ingenieur erkannte, daß die Zukunft der Luftfahrt nicht bei den empfindlichen Luftschiffen, sondern beim Flugzeug lag. Nach eingehendem Studium von Fachzeitschriften begann er bereits als Student sich mit der Konstruktion eines Flugzeugs zu befassen. In einer Bethalle baute er einzelne Teile zusammen.

Bald erwies sie sich als zu klein. Dazu bereitete ihm die Finanzierung seines Projektes schwere Sorgen. So versuchte er, die Königlich Württembergische Heeresverwaltung unter dem Hinweis dafür zu interessieren, bei den französischen Manövern hätte das Flugzeug bereits eine wichtige Rolle gespielt. Der Versuch mißlang gründlich. Doch HEINKEL gab nicht auf. Unter Anspannung aller Mittel gelang es ihm schließlich, die hölzerne Reithalle eines ehemaligen Dragoner-Regiments zu erwerben, die er dann auf dem Cannstatter Wasen aufbaute. Er hatte improvisieren müssen, ein Schicksal, das ihm später noch einmal blühen sollte.

Als das Flugzeug fertig war, zeigte es sich, daß HEINKEL ziemlich genau die Konstruktionen des Franzosen Henri FARMAN nachgebaut hatte. Aber damit stand er damals nicht allein. Das machten alle, sogar große Unternehmen wie *Albatros*, *Aviatik*, *DFW* (Deutsche Flugzeug-Werke) usw. Es war eben sicherer, ein bereits erprobtes Modell »nachzuempfinden«. Ungeklärt blieb vorläufig noch die Frage, welcher Motor in das Flugzeug eingebaut werden sollte. Ein Bootsmotor mit 22 PS erwies sich als zu schwer. Doch HEINKEL hatte Glück. Die Firma Daimler lieh ihm einen 50-PS-Motor. Bevor er jedoch seinen Erstflug mit der eigenen Maschine antreten konnte, lud ihn sein Freund Hellmuth HIRTH, der damals schon ein berühmter Flieger war, zu einem Flug als Passagier in einer *Rumpler-Taube* ein. Dann aber durfte HEINKEL am 9. Juli 1911 zu seinem Erstflug mit der eigenen Maschine starten. Wie das geschah beschrieb am nächsten Tag das Stuttgarter Tagblatt: *Gestern früh machte der Flieger* HEINKEL *auf dem Wasen den ersten Flugversuch mit seinem neu konstruierten Zweidecker... Eine Probe ohne Passagier führte den Flieger durch die ungeheure Kraft des Motors unversehens in etwa zehn Meter Höhe. Beim Niedergehen im Gleitflug verbog sich einiges Gestänge...*

Man muß sich dabei vor Augen halten, daß HEINKEL noch nicht einmal einen Pilotenschein besaß. Es folgten danach noch einige Flüge, die alle mit kleineren Schäden endeten. Am 19. Juli aber ging es nicht mehr so glimpflich ab. In einer Rechtskurve rutschte er über den Flügel ab. Die Maschine ging restlos zu Bruch, und der Pilot wurde mit einigen Brüchen und Schrammen für etwa zwei Monate ins Krankenhaus gebracht. Er verließ es im September an zwei Stöcken humpelnd und mit verbundenem Kopf. Von dieser Zeit an bestieg HEINKEL nie wieder freiwillig ein Flugzeug. Er flog nur noch, wenn es gar nicht zu umgehen war. Augenzeugen berichten, daß er dann mit kaltem Schweiß auf der Stirn in der Kabine saß. Daher gibt es auch keine Aufnahme von ihm, die ihn im Flugzeug zeigt.

Am 1. Oktober 1911 trat HEINKEL in Berlin als junger Ingenieur bei der *LVG* (Luftverkehrsgesellschaft) ein. Leiter des dortigen Konstruktionsbüros war der Schweizer Franz SCHNEIDER, der seine ersten Berufserfahrungen bei *Nieuport* in Frankreich gesammelt hatte. Demgemäß sahen seine ersten Konstruktionen für die *LVG* alle wie Nieuport-Eindecker aus. HEINKEL verdiente dort monatlich ganze dreihundert Reichsmark! Als er bald darauf eine erste Zulage erhielt, entschloß er sich zur Heirat. Leider sollte sich später herausstellen, daß er nicht die richtige Wahl getroffen hatte.

HEINKEL blieb nicht lange in seiner Stellung bei der *LVG*. Sein alter Freund Hellmuth HIRTH hatte ihn nicht vergessen und an Otto WIENER, den kaufmännischen Direktor der Albatros-Werke, empfohlen. WIENER war Jude, der erste Jude, der in HEINKELS Leben eine wichtige Rolle spielen sollte. Später hat man diesem Mann, dessen Können über jeden Zweifel erhaben war, bei Albatros übel mitgespielt. Mit Hilfe einer bösartigen Intrige wurde er aus der Firma gedrängt und um den Lohn seiner Arbeit betrogen. HEINKEL schied zu dieser Zeit aus der Firma aus. Die Umstände, unter denen das geschah, lassen es als möglich erscheinen, daß diese Angelegenheit auch auf seinen Förderer WIENER zurückgewirkt hat. Doch vorläufig war es noch lange nicht soweit.

WIENER und HIRTH ließen HEINKEL vollkommen freie Hand. Sozusagen als Probearbeit konstruierte er erst einmal eine neue Taube. Statt des bisher üblichen stoffbespannten Rumpfes führte er einen neuen, mit Sperrholz verkleideten ein. Danach durfte er sich der eigentlichen Aufgabe widmen, für die er eingestellt worden war, der Konstruktion eines Wasserflugzeugs. Mit ihm wollte HIRTH den Bodensee-Wettbewerb 1913 gewinnen. Am Rande sei noch vermerkt, daß der Sperrholzrumpf später geradezu ein Kennzeichen für die Albatros-Flugzeuge geworden ist.

HEINKEL ging bei der neuen Konstruktionsarbeit methodisch vor. Da er noch keine Erfahrungen mit dem Bau von Wasserflugzeugen besaß, baute er zuerst ein Landflugzeug. Obwohl dieses Flugzeug Taubenflügel hatte, war der Rumpf doch von einer bestechend guten, aerodynamisch günstigen Gestalt. Da die erste Maschine dieser Art nebeneinanderliegende Sitze aufwies, hatte der Rumpfquerschnitt die Form eines liegenden Ovals. Die ersten Flüge bewiesen, daß er damit auf dem richtigen Wege war. Eine zweite Maschine wurde gebaut. Sie zeigte bereits Hinweise auf die endgültige Form. Dann setzte HEINKEL alles auf eine Karte. Zur selben Zeit baute er ein kleineres und ein größeres Flugzeug dieser Art und setzte sie auf Schwimmer. Da die Maschinen etwas hecklastig ausfielen, ließ er unter dem Heck einen Stützschwimmer anbringen. Die Flugzeuge hielten, was HEINKEL versprochen hatte. Mit HIRTH und VOLLMÜLLER am Steuer eroberten sie die ersten Preise. Für HEINKEL war es ein persönlicher Triumph, den Preis für die beste Konstruktion damit gewonnen zu haben.

Auch seine nächste Konstruktion sollte ein Erfolg werden. HEINKEL selbst erklärt in seinen Erinnerungen, es habe sich bei den verschiedenen, daraus entwickelten Typen im Grunde genommen nur um eine Maschine gehandelt. Er bezeichnete sie als *B 1*. Sie konnte aber mit verschiedenen Spannweiten ein-, zwei- und dreistielig gebaut werden. Nach den Unterlagen, die der Verfasser von dem inzwischen verstorbenen früheren technischen Direktor von Albatros, Robert THELEN, erhielt, gab es dafür drei Typenbezeichnungen. Der dreistielige Doppeldecker wurde als *D* bezeichnet, der zweistielige als *DD* und der einstielige als *DDK* (K = mit kurzer Fläche). Nach HEINKELS Ausscheiden änderte THELEN die Typen *D* und *DD* (Seitenkühler, dreieckiges, vergrößertes Leitwerk). Sie erhielten die Militärbezeichnungen *B I*, bzw. *B II*. Als Albatros nach dem Zusammenbruch des Jahres 1918 seine alten Militärflugzeuge ohne Bordwaffen als Sport-, Schul- und

Verkehrsflugzeuge zum Kauf anbot, erhielt der Typ *B I* die neue Bezeichnung *L 1*. Die aus der *B II* entwickelte Ausführung *B II A* wurde jetzt *L 30* genannt.

Am 1. Mai 1913 nahm die dreistielige *D* am Militärflugwettbewerb in Döberitz bei Berlin teil und siegte. Über die größten Erfolge der Typen *D*, *DD* und *DDK* wird im Typenteil berichtet werden.

Der Doppeldecker *D* konnte durch Auswechseln des Fahrwerks gegen ein Schwimmerpaar leicht als Seeflugzeug eingesetzt werden. In dieser Form wurde er als *WDD* bezeichnet. Hellmuth HIRTH nahm mit einer solchen Maschine am Wasserflugzeugwettbewerb 1913 in Monaco teil, erlitt aber einen Unfall, bei dem das Flugzeug zu Bruch ging.

Überhaupt schien die Maschine für HEINKEL ein Unglücksvogel gewesen zu sein. Mehrfach mußte er sie ändern. Dennoch wurde sie zu den ersten Funkversuchen herangezogen. Dazu baute man auf dem Rumpf einen fünf Meter hohen Antennenmast auf. In seiner Stellung hinter dem Tragwerk mußte er der Maschine jede gute Flugeigenschaft nehmen. Der Mißerfolg wurde dann nicht nur HEINKEL, sondern auch seinem Förderer Otto WIENER in die Schuhe geschoben. Man hängte WIENER eine Anklage wegen Spionage an und verdrängte ihn aus dem Werk, obwohl seine Unschuld nachgewiesen wurde.

HEINKEL selbst ist anscheinend schon vorher gegangen. So sagt er wenigstens in seinen Erinnerungen. Nach seinen Angaben gewann ihn darauf Igo ETRICH als technischen Direktor für seine neue Flugzeugfabrik. THELEN dagegen schilderte den Vorgang dem Verfasser gegenüber mit den Worten: *Dann flog Heinkel raus!* Das läßt darauf schließen, daß HEINKELS Ausscheiden doch nicht ganz reibungslos abgelaufen ist. Es steht aber fest, daß HEINKELS Arbeit bei Albatros nicht nur erfolgreich, sondern auch bahnbrechend war. Jahrelang hat Albatros an HEINKELS Arbeit an den Typen *D* und *DD* profitiert. *B I* und *B II* wurden in großen Serien gebaut. Die *B II* mit Maschinengewehrbewaffnung gehörte als *C I* zu den meistgebauten C-Flugzeugen. Die verbesserte *B II A* wurde noch nach dem Kriege geflogen. Lizenznehmer bauten sowohl die *B II* als auch die *C I* nach. HEINKEL hat dann in seinem neuen Wirkungsbereich bewiesen, was er wirklich konnte.

Doppeldecker 1910/11

Erstes von Ernst Heinkel entworfenes und gebautes Flugzeug. Kopie des erfolgreichen Modells von Henri Farman, Frankreich, 1910. Entwurfsbeginn 1910. Vorn liegendes Höhenleitwerk. Spannweite 11 Meter. Erste Versuche mit einem 22-PS-Bootsmotor erfolglos. Mit geliehenem 50-PS-Daimler-Motor *Erstflug* am 9. Juli 1911. Konstruktion sehr anfällig. Maschine wird durch Absturz am 19. Juli 1911 nach zu scharf gezogener Linkskurve aus 30 Meter Höhe total zerstört. Heinkel wird schwer verletzt und liegt bis 26. 8. 1911 im Krankenhaus.

Albatros FT (Furnier-Taube) 1912

Erste Konstruktion von Heinkel bei *Albatros*. Mercedes 100 PS. Sperrholzverkleideter Rumpf. Übliche Taubenbauart mit Brücke. Musterflugzeug mit Kühler über dem Motor, später seitliche Lamellenkühler. Kleine Serie für Preußische Heeresverwaltung.

Albatros RE (Renn-Eindecker) I 1912/13

Verspannter Eindecker mit Taubenflügel ohne Brücke. Aerodynamisch gut gestalteter Rumpf mit zwei nebeneinander liegenden Sitzen. Gemischtbauweise. Geteiltes Seitenleitwerk. Durchgehendes Höhenruder. Mercedes 75 PS, später 100 PS. Erreichte knapp 200 km/h.

Albatros RE (Renn-Eindecker) II 1912/13

Ähnlich *RE I* aber neuer Rumpf mit hintereinander liegenden Sitzen. Einfaches Seitenleitwerk und daher geteiltes Höhenruder, Zell und Triebwerk sonst wie *RE I*, Leistungen entsprechend.

Albatros WRE (Wasser-Renn-Eindecker) 1912/13

Entwickelt aus *RE II* als Schwimmerflugzeug für den Bodensee-Wettbewerb 1913. Abmessungen der Zelle ohne Schwimmer wie *RE II*. Triebwerk: Mercedes 75 PS! Unter Hans Vollmüller Sieger in der Klasse »Leichte Wasserflugzeuge« beim Bodensee-Wettbewerb 1913.

Albatros »Amphibium« 1912/13

Vergrößerte Parallelentwicklung des *WRE* für den Bodensee-Wettbewerb 1913. Triebwerke: Mercedes 100 PS. An den Schwimmern konnten Räder angebracht werden, um die Maschine an Land besser transportieren zu können. Ein Amphibium im modernen Sinn ist dieses Flugzeug nicht gewesen. Unter der Führung von Hellmuth HIRTH, nach dessen Wünschen sie weitgehend entwickelt wurde, hatte diese Maschine folgende Erfolge:

Im Bodensee-Wettbewerb 1913:
1. Großer Preis, Steigfähigkeitspreis und 1. Konstruktionspreis,
im italienischen Wasserflugzeugwettbewerb auf dem Comer See 1913 den 1. Preis.

Albatros D 1913

Vorläufer des Militärdoppeldeckers *B I.* Dreistieliger, verspannter Doppeldecker in Gemischtbauweise. Triebwerk serienmäßig, Mercedes 100 PS, nur bei den Dauerrekordflügen 70 PS. Kühler über dem Motor, kleines einfaches Seitenleitwerk. Erhielt später seitliche Lamellenkühler und vergrößertes dreieckiges Seitenleitwerk. Mit der von HEINKEL entwickelten ursprünglichen Ausführung wurden folgende Erfolge erzielt:

Höhenweltrekord 20.3.1914 mit drei Fluggästen unter Rober THELEN 3780 m.
Derselbe flog mit dieser Maschine 1330 km Berlin–Königsberg–Stettin–Königsberg an einem Tage.
Ernst STÖFFLER flog trotz starken Gegenwinds in einem Tage von Berlin nach Paris.

Auf der *Wiener Flugwoche* Juni 1914 stellten Hellmuth HIRTH und Ernst von LOESSL verschiedene Höhenrekorde mit zwei und drei Passagieren auf und errangen zwei erste und zwei zweite Preise:
25.6.14: LOESSL Höhenrekord mit 2 Passagieren 4240 m
25.6.14: LOESSL Höhenrekord mit 3 Passagieren 4770 m
28.6.14: HIRTH Höhenrekord mit 2 Passagieren 4900 m.
Es handelt sich um *Weltbestleistungen.*

Dauer-Weltrekorde:
Werner LANDMANN 24.6.1914 17 Std. 31 Min.
Derselbe 27.6.1914 21 Std. 49 Min. 1900 km
Reinhold BÖHM 10.–11.7.1914 24 Std. 12 Min.

Dieser Rekord wurde erst dreizehn Jahre später von Charles A. LINDBERGH bei seinem Transatlantikflug gebrochen.

Albatros DD 1913

Vorläufer des späteren *Militär-Doppeldeckers B II.* Zweistieliger Doppeldecker in Gemischtbauweise. Triebwerk Mercedes 100/120 PS. Ähnlich *B I* später mit seitlichen Lamellenkühlern und vergrößertem Seitenleitwerk. Wurde während des Ersten Weltkriegs erfolgreich bei vielen Flieger-Abteilungen geflogen und von anderen Herstellern in Lizenz gebaut. Flog in verbesserter Form als *B II A* auch noch nach dem Ersten Weltkrieg als *Schul- und Sportflugzeug*. Eine Maschine mit Kennzeichen *D 509* wurde von dem »Alten Adler« Gustav RASCHKE noch nach 1933 in Berlin-Tempelhof geflogen.

Beim Internationalen Sternflug nach Monaco Anfang April 1914 schlug Hellmuth HIRTH den stark favorisierten Franzosen BRINDEJONC des Moulinais auf Morane-Saulnier mit einem Flug von Gotha über Frankfurt, Dijon, Lyon nach Marseille. Er legte die 1083 km lange Strecke in elf Stunden 39 Minuten zurück und war damit um eine volle Stunde schneller als der Franzose, der die gleiche Entfernung durchflogen hatte.

Albatros DDK 1913

Umbau aus *DD* mit verkürzter Fläche. Einstieliger Doppeldecker in Gemischtbauweise. Triebwerk: Benz 100 PS. Auf der Wiener Flugwoche im Juni 1914 wurde Ernst von LOESSL am 23.6.1914 im Geschwindigkeitswettbewerb Zweiter hinter dem Franzosen GILBERT auf Morane-Saulnier, und am 26.6.1914 mit einer Flugzeit von 41 Minuten 8 Sekunden Erster vor dem Franzosen GARROS ebenfalls auf Morane-Saulnier. Leo ROTH flog mit diesem Typ die ersten Loopings auf einem deutschen Flugzeug. Vor ihm war dies in Deutschland nur von dem Franzosen PÉGOUD und dem Holländer FOKKER durchgeführt worden.

Albatros WDD 1913

Vorläufer des Marine-Doppeldeckers *W 1*. Dreistieliger verspannter Doppeldekker in Gemischtbauweise. Triebwerk: Benz 100 PS. Leitwerk mehrmals geändert. Zelle weitgehend ähnlich *Type D*. Nahm am Wasserflugzeugwettbewerb in Monaco 1913 teil mit Hellmuth HIRTH und Begleiter SCHLÜTER. Verfing sich beim Start in Fischernetzen und ging zu Bruch. Letzter HEINKEL-Entwurf für *Albatros*.

Teil II 1914-1918

HEINKELS erster Eindruck von ETRICH und dessen Vater war vorzüglich. Er war davon überzeugt, daß er bei ihnen mehr Großzügigkeit finden würde als bei Albatros. Doch kannte er ETRICHS Kompagnon, Kommerzienrat KRÜGER, noch nicht, der die Sparsamkeit geradezu als Sport betrieb. ETRICH und KRÜGER planten, in Briest bei Brandenburg/Havel ein großes Flugzeugwerk unter dem Namen *Brandenburgische Flugzeugwerke GmbH* aufzubauen. Als erste Maschine wollte ETRICH ein Seeflugzeug herausbringen, das den für August 1914 vorgesehenen Seeflugzeugwettbewerb gewinnen sollte. HEINKEL schien ihm der richtige Mann für die Verwirklichung seiner Pläne zu sein. Mit Eifer ging der neue Technische Direktor an seine Arbeit heran. Da er jedoch an Großzügigkeit gewöhnt war, traf es ihn um so härter, daß er praktisch um jedes Stück Material mit KRÜGER kämpfen mußte. Bei jeder Anforderung war dessen ständiger Einwand: *Muß denn das sein?* Dennoch begann HEINKEL im Frühjahr 1914 mit den Arbeiten an dem Flugzeug für den Wettbewerb.

Die Kriegsmarine brauchte Flugzeuge, die nicht nur auf einem Binnensee, sondern auch auf dem Meer starten und wassern konnten. Im Jahre 1912 war in Heiligendamm der erste Versuch unternommen worden, der aber noch keine befriedigenden Ergebnisse gebracht hatte. Trotz HEINKELS Erfolg genügte auch der Versuch des Jahres 1913 auf dem Bodensee nicht. Nun sollte in Warnemünde der dritte Versuch unternommen werden, um das Problem zu lösen. Er fand des Kriegsausbruchs wegen nicht mehr statt. Wie daraus zu ersehen ist, war die Marine auf einen Krieg, der auch mit Flugzeugen geführt werden mußte, überhaupt nicht vorbereitet. Daran hatten auch die Käufe des Reichsmarineamtes im Ausland nichts ändern können.

Trotz der Fehlschläge mit dem Albatros *WDD* war HEINKEL davon überzeugt, diesen Typ zu einem brauchbaren Flugzeug entwickeln zu können. In dieser Zeit hatte er einen Mitarbeiter gewonnen, der nach seiner Aussage ein Improvisationsgenie war. Mit ETRICH war er von Prag zu der neuen Firma gekommen. Dieser Josef KÖHLER, genannt *Jupp*, sollte trotz einiger Zwischenspiele einer der treuesten und zuverlässigsten Mitarbeiter HEINKELS für ein ganzes Leben werden. Da das Werk in Brandenburg-Briest noch nicht fertiggestellt war, mußte HEINKEL noch in Liebau arbeiten. Da erhielt er eines Tages von einem etwas geheimnisvollen

Herrn *C. C.* eine Einladung ins Hotel Adlon nach Berlin. Der Geheimnisvolle entpuppte sich als der österreichische Millionär Camillo CASTIGLIONE, der ihn als Konstruktionsdirektor für seine beiden Flugzeugwerke, Phönix Flugzeugwerke AG, Wien-Stadlau, und Ungarische Flugzeugfabrik AG (UFAG), Albertfalva, anstellen wollte. Trotz eines großzügigen Angebots lehnte HEINKEL ab. CASTIGLIONE erkannte die korrekte Haltung HEINKELS gegenüber ETRICH und KRÜGER an, sagte aber zum Abschied: »Sie werden in acht Tagen wieder von mir hören.« Acht Tage später hatte er KRÜGERS Anteile aufgekauft und war auf diese Weise an sein Ziel gekommen. CASTIGLIONE war Jude wie WIENER und hatte genau wie dieser, vielleicht sogar noch klarer, erkannt, welche Fähigkeiten HEINKEL besaß. Der letztere hat nie bereut, für CASTIGLIONE gearbeitet zu haben. Von ihm erhielt er jene Handlungsfreiheit, die er sich immer gewünscht hatte. Aus den *Brandenburgischen Flugzeugwerken* wurden die *Hansa- und Brandenburgischen Flugzeugwerke*. Neben seiner Stellung im brandenburgischen Werk erhielt HEINKEL auch diejenige eines Konstruktionsdirektors in den beiden österreichischen Werken. Inzwischen wurde HEINKELS neues Seeflugzeug Typ *Hansa-Brandenburg W* fertig. Da brach der Krieg aus.

In diesen Augusttagen zog HEINKEL mit KÖHLER endgültig von Liebau nach Brandenburg um. In ziemlich regelmäßigen Zeitabständen pendelte er nun zwischen Brandenburg, Berlin, Wien und den beiden österreichischen Werken hin und her. In Berlin war sein Gesprächspartner Admiral STARKE vom Reichsmarine-Amt, der für die Seeflugzeugentwicklung zuständig war. Im Brandenburger Werk wurden nur Flugzeuge für die Kaiserliche Marine und jene Musterflugzeuge gebaut, die dann nach HEINKELS Zeichnungen in den österreichischen Werken, *Phönix* und *UFAG*, nachgebaut wurden. Offizieller Abnehmer war dort das K. u. K. Flieger-Arsenal in Fischamend. Mit seinem österreichischen Gesprächspartner, General SCHLEIER, arbeitete HEINKEL recht gut zusammen. Schwierigkeiten hatten CASTIGLIONE und er aber mit den jüngeren Offizieren. Besonders feindeten sie CASTIGLIONE an. Dabei galten diese Anfeindungen weniger dem Juden als CASTIGLIONES italienischer Abstammung. Italien galt als Todfeind, und der Name CASTIGLIONE tat das übrige. Offene Feindseligkeiten wurden nur dadurch verhindert, daß seine Werke als einzige ins Gewicht fallende Produktionszahlen an Flugzeugen aufzuweisen hatten.

Die Zusammenarbeit mit dem Seeflugzeug-Versuchskommando *(SVK)* der Marine in Warnemünde war gut, da HEINKEL auf Grund seiner Vorarbeiten an dem Typ *W* in der Lage war, sofort zu liefern. Als beim Nachfolgetyp *NW* die Produktionskapazität nicht ausreichte, wurde die Gothaer Waggon-Fabrik als Lizenzträger eingeschaltet. Als HEINKEL später seine beiden Seekampfflugzeuge *W 12* und *W 29* herausbrachte, war seine Stellung als Lieferant der Kaiserlichen Marine unbestritten.

Was die Baumuster betraf, die HEINKEL für Österreich entwarf, so hätten sie wahrscheinlich den Ansprüchen an der deutschen Westfront nicht genügt. Für die Knappheit an Flugzeugen in Österreich ist es bezeichnend, daß ein Aufklärungsflugzeug, das im Jahre 1915 herausgebracht wurde *(LDD)*, nur mit Triebwerksänderungen noch 1918 im Osten und Süden im Einsatz geflogen wurde. Dazu kamen die Schwierigkeiten der Österreicher mit der Flugzeugbewaffnung. Erst als ihnen die Lizenz für den Bau deutscher *Albatros*-Jagdflugzeuge und die *Fokker*-MG-Steuerung überlassen wurden, erhielten die österreichischen Jagdflieger Waffen in die Hand, mit denen sie der feindlichen Übermacht an Zahl und Qualität einigermaßen standzuhalten vermochten.

Ab 1917 war HEINKEL nicht mehr gezwungen, neue Flugzeuge für die beiden österreichisch-ungarischen Werke zu entwickeln, da dort, besonders bei *Phönix*, eigene Baumuster entstanden. Zum Teil handelte es sich dabei allerdings um Weiterentwicklungen von *Hansa-Brandenburg*-Typen. Im Jahre 1918 widmete HEINKEL seine ganze Kraft der Ausstattung der deutschen Marineflieger mit modernen Flugzeugen, besonders für den Einsatz in Flandern. Hierzu trug auch seine Freundschaft mit dem damaligen Leiter der Seeflugstation Zeebrügge, Oberleutnant zur See, später Kapitänleutnant CHRISTIANSEN, bei. Sie begann bei einer Flasche Schnaps, die HEINKEL nach Zeebrügge mitgebracht hatte, hielt aber ein ganzes Leben lang. Welche Arbeitsleistung HEINKEL im Ersten Weltkrieg in der Flugzeugentwicklung vollbracht hat, läßt sich an der Zahl der von ihm entwickelten Baumuster ablesen. Aber auch die Produktionszahlen, die leider nur bei den deutschen Seeflugzeugen festzustellen sind, waren für die damalige Zeit beachtlich.

Für Österreich-Ungarn hat HEINKEL 70 % aller von den dortigen Fliegerverbänden geflogenen Baumuster entworfen. Bei der Marine sollen es sogar 95 % gewesen sein. Im Gegensatz zu manchen anderen deutschen Herstellern, die sich auf die Konstruktion bestimmter Flugzeuggattungen spezialisierten, hat HEINKEL in den Jahren 1914 bis 1918 vom Schulflugzeug über Arbeitsflugzeuge, Jäger, Bomber und Torpedoflugzeuge alles gebaut, was verlangt wurde. Mit seinem See-Kampfeindecker schuf er etwas grundsätzlich Neues, das für den weiteren Verlauf der Seeflugzeugentwicklung richtungweisend wurde. Der Zusammenbruch des Jahres 1918, auf den er durch CASTIGLIONE vorbereitet worden war, stellte ihn vor eine völlig neue Lage. Keiner wußte, wie es weitergehen sollte.

Hansa-Brandenburg D 1914

Zweistieliger, verspannter Doppeldecker in Gemischtbauweise, ähnlich *Albatros DD*, aber wesentlich längerer Rumpf, kleines, rundes Seitenleitwerk. Triebwerk: Benz 100/110 PS, seitliche Lamellenkühler. Nur eine Versuchsmaschine, da Flugeigenschaften nicht befriedigten.

Hansa-Brandenburg FD (Brandenburg-Phönix B I) 1914

Verbesserte Ausführung der *Type D*. Rumpfquerschnitt und Leitwerk vergrößert. Sonstige Merkmale ähnlich *Type D*. Triebwerk: Argus 100 PS. Wurde auf Anforderung der österreichischen Heeresverwaltung entwickelt und vom *K. u. K. Fliegerarsenal Fischamend* in Serie gebaut, davon die *Serien 75* und *76* mit 100-PS-Mercedes-Motor, die *Serien 77* mit 100-PS-Austro-Daimler und die *Serie 78* mit 120-PS-Austro-Daimler. Im Gegensatz zum in Deutschland gebauten Musterflugzeug war das Seitenleitwerk oben stärker abgerundet.

Hansa-Brandenburg W 1914

Entworfen für den geplanten Seeflugzeugwettbewerb in Warnemünde, der im August 1914 stattfinden sollte. Entwurfsbeginn Frühjahr 1914. Abgeleitet aus Zelle *Albatros D*. Dreistieliger verspannter Doppeldecker in Gemischtbauweise. (*Anmerkung:* Auch bei Albatros wurden nach dem Weggang Heinkels verschiedene Marineflugzeuge aus der *Type D = B I* entwickelt). Die Konstruktionsunterlagen wurden von Heinkel in acht Wochen fertiggestellt. Die Erprobung verlief erfolgreich, so daß eine Serie von 27 Maschinen in Auftrag gegeben wurde. Hiervon wurden an die Marine die Marinenummern 57, 58, 71, 72, 116, 231–235, 260–272, 422, 423 und 484 mit 150-PS-Benz-Motor geliefert, die Nr. 273 mit 150-PS-Maybach, nur die erste Versuchsmaschine war mit 140-PS-Argus-Motor ausgerüstet.

Hansa-Brandenburg LDD (Brandenburg-Phönix C I und Brandenburg-UFAG C I) 1915/18

Das Musterflugzeug dieses Typs entstand 1915 und war nur mit einem 100-PS-Mercedes-Motor ausgerüstet. Auch hier handelte es sich wieder um einen zweistieligen, verspannten Doppeldecker in Gemischtbauweise, der als Charakteristikum die Stielpaare nach innen schräg gestellt hatte. Über die Leistungen mit 100-PS-Motor ist nichts bekannt. Die Konstruktionsunterlagen gingen nach Österreich-Ungarn. Der Serienbau erfolgte von 1916–18 bei *Phönix* und *UFAG*, wobei sich die Leistungen auf Grund der immer stärkeren Motoren, die man einbaute, laufend verbessert wurden. Wahrscheinlich ist dieser Typ das meistgebaute österreichische Arbeitsflugzeug des Ersten Weltkriegs gewesen. Ursprünglich nur mit einer Bombenabwurfvorrichtung ausgerüstet, erhielt die Maschine später auch eine Bewaffnung von 1–2 MG. *LDD* ist im übrigen die erste Maschine Heinkels mit vorn liegendem Führersitz, während bei den vorhergehenden Maschinen der Beobachter vorn saß und der Flugzeugführer hinten. Von der *Brandenburg C I* mit 160-PS-Austro-Daimler wurden gebaut: bei *Phönix* die *Serie 26*, bei *UFAG* die *Serien 61, 64, 67* und *68*. Mit Austro-Daimler 185 PS bei *Phönix* die *Serie 27*, die *Serie 29* ebenfalls bei *Phönix* mit 210-PS-Austro-Daimler oder 200-PS-Hiero. Nur mit Hiero 200 PS wurden bei *Phönix* die *Serien 129, 229, 329,* bei *UFAG* die *Serien 69* und *269* gebaut. Mit 230-PS-Hiero bei *Phönix Serie 429,* bei *UFAG Serie 369.* Schließlich wurden bei *UFAG* noch die *Serien 63* mit Mercedes 160 PS und *169* mit 220-PS-Benz gebaut. Einzelne Maschinen der *Serien 26* und *64* hatten über dem Beobachtersitz noch einen Aufbau mit MG-Drehring, der es dem Beobachter erlaubte, windgeschützt über die obere Tragfläche auch nach vorn zu schießen, was beim normalen C-Flugzeug an sich nicht möglich war.

Hansa-Brandenburg DD 1915

Dieser Typ stellt eine Weiterentwicklung des *Typs LDD* dar. Während die Zelle im allgemeinen der des Vorgängers gleicht, trug dieses Flugzeug eine Bewaffnung von 1–2 MG's, von denen eins auf einem Pivot des Beobachtersitzes montiert war, um dem Beobachter die Möglichkeit zu geben, über die obere Tragfläche nach vorn zu schießen. Dies stellt wahrscheinlich die Vorstufe für die oben erwähnten Sonderausführungen der *LDD* bei *Phönix* und *UFAG* dar. Am 21.9.1915 stellte die *DD* einen Höhenrekord mit vier Fluggästen mit 4760 m auf. Ein Serienbau erfolgte nicht.

Hansa-Brandenburg NW 1915

Das zweite Seeflugzeug, das Heinkel für die Marine entwarf, war eine verbesserte Weiterentwicklung des *Typs W* mit 160-PS-Mercedes-Motor. Dieses Flugzeug entsprach der *Marine-Klassifikation BFT,* d. h. es hatte Funkgerät und Bombenabwurfgerät, in diesem Fall für 10 Bomben von je 5 kg Gewicht. Von diesem Typ wurden 38 Maschinen bei *Hansa-Brandenburg* gebaut und weitere zehn bei der *Gothaer Waggon-Fabrik.* Es handelte sich um die Marine-Nummern 477, 485–489, 517, 526, 563–570, 601–608 (Ha. Br.) und 752–781 (Gotha). Die Maschinen waren hauptsächlich auf den Marine-Flugstationen an der Nordseeküste und auf Helgoland eingesetzt.

Hansa-Brandenburg MLD 1915

Auf Grund einer Forderung der Marineleitung nach einem mit MG bewaffneten Kampfflugzeug für das Marine-Korps in Flandern entwickelte Heinkel einen dreistieligen *Gitterschwanz-Doppeldecker* mit hinten liegendem Motor und Druckschraube. Hier lag der Führersitz wieder hinter dem Beobachtersitz, der sich im Bug des Flugzeugs befand. Die Bewaffnung bestand aus einem MG, das auf Drehkranz am Beobachtersitz montiert war. Das Kastenleitwerk hatte drei Seitenruder. Die Leistungen, insbesondere die Geschwindigkeit des Flugzeugs, befriedigten nicht, so daß ein Serienbau unterblieb.

Hansa-Brandenburg FB 1915

Bereits vor dem Kriege hatte die Marineleitung verschiedene ausländische Flugboote angekauft *(Curtiss, Sopwith, Lohner).* Diese hatten aber nicht befriedigt, da meist beide Sitze ganz vorn im Boot lagen, so daß eine Abwehr nach hinten nicht möglich war. Aus diesem Grunde flog man bei der *Kaiserlichen Marine* lieber *Schwimmerflugzeuge,* die Sicht nach vorn und hinten boten. Die Erfolge der österreichischen *Lohner-Boote* im Mittelmeer, führten aber dazu, ein neues *Lohner-Boot Marine-Nr. 116* anzukaufen. Gleichzeitig erhielt Heinkel den Auftrag, ein dem *Lohner* konkurrenzfähiges Flugboot zu bauen. Es wurden sechs Boote gebaut, Marine-Nr. 511–516, deren Leistungen zwar befriedigten, die Abneigung der Seeflieger gegen Flugboote aber nicht beseitigen konnten. Eins dieser Boote (unser Bild) wurde von Lt. z. See Christiansen von der Seeflugstation Zeebrügge wiederholt bei Aufklärung im Seegebiet vor der englischen Südostküste geflogen. Die anderen Boote waren auf den Seeflugstationen Borkum, Norderney und List auf Sylt stationiert.

Hansa-Brandenburg ZM 1915

Heinkels erstes zweimotoriges Flugzeug, ein Bomber, lehnte sich an die Konstruktionen der *Gothaer Waggon-Fabrik* und des *Flugzeugbaus Friedrichshafen* an, ohne deren Leistung zu erreichen. Insbesondere erwiesen sich die Triebwerke, zwei Maybach von je 160 PS, als zu schwach. Bei einer Bewaffnung von zwei beweglichen MG's sollte das Flugzeug eine Bombenlast von 250 kg tragen. Die Leistungen bei voller Belastung erwiesen sich als ungenügend. Ein Serienbau unterblieb.

Hansa-Brandenburg GF (Brandenburg-UFAG G I) 1915

Auf Grund des Mißerfolges des *ZM* entschloß sich Heinkel bei seinem nächsten Bomber-Entwurf zu einer wesentlichen Verringerung der Dimensionen. Die Maschine wurde in der gewohnten Gemischtbauweise erstellt und erhielt als Triebwerk zwei Austro-Daimler von je 160 PS. Die Bewaffnung bestand aus zwei MG's, versuchsweise wurde auch eine 2-cm-Kanone im Bug eingebaut (unser Bild). Die Bombenlast betrug maximal 250 kg. Es wurden höchstens drei Maschinen gebaut.

Hansa-Brandenburg LW 1915/16

Dieses Flugzeug, von dem nur ein Exemplar, Marine Nr. 571, gebaut wurde, war das erste *Hansa-Brandenburg-Marine-C-Flugzeug*, d. h. es trug ein bewegliches MG mit 500 Schuß Munition als Abwehrbewaffnung. Anscheinend befriedigten die Leistungen nicht, denn ein Serienbau fand nicht statt.

Hansa-Brandenburg KDD 1916

Bei diesem Flugzeug handelt es sich um eine vollkommen neue Bauart, die eine Zeitlang für Heinkels Konstruktionen charakteristisch war. Es handelte sich um einen *Doppeldecker* in Gemischtbauweise mit sperrholzverschaltem Rumpf. Vollkommen neu war jedoch die Abstrebung der Tragflächen zueinander und zum Rumpf. Die obere Tragfläche lag direkt auf dem Rumpf auf. Darunter saß der Flugzeugführer. Zwei sich kreuzende X-Streben auf jeder Seite sollten den Tragflächen genügend Stabilität geben, die fehlende Drahtverspannung die Geschwindigkeit erhöhen. Diese Bauart wurde von Heinkel noch bei mehreren Baumustern angewendet. Bei den Engländern wurden alle diese Flugzeuge als *»Star-strutter«* bezeichnet. Heinkel gab diese Bauweise erst auf, als sich durch seine Eindeckerkonstruktionen eine bessere Möglichkeit zur Geschwindigkeitserhöhung ergab. Von dem *KDD* ist wahrscheinlich nur ein Exemplar in Deutschland und eins bei *UFAG* gebaut worden. Die schlechten Sichtmöglichkeiten für den Flugzeugführer werden für die Ablehnung des Serienbaus wahrscheinlich entscheidend gewesen sein.

Hansa-Brandenburg KF 1916

Um den Wünschen der Marine-Landflieger nach einem bewaffneten Kampfflugzeug nachzukommen, entwickelte Heinkel ein *Doppelrumpfflugzeug* in der Art der bei der Marine bereits im Einsatz befindlichen AGO-Flugzeuge. Der mit einem 150-PS-Benz-Motor ausgerüstete zweistielige Doppeldecker war zweisitzig und besaß als Bewaffnung ein bewegliches MG für den vorn sitzenden Beobachter. Da die Leistungen dieses Typs nicht den Anforderungen der Marine entsprachen, unterblieb der Serienbau.

Hansa-Brandenburg KD (Brandenburg-Phönix D I, Brandenburg-UFAG D I) 1916

Die Notwendigkeit, schnellstens Jagdflugzeuge an die Front zu bringen, um der feindlichen Luftüberlegenheit zu begegnen und die Unmöglichkeit in dieser Richtung von deutscher Seite Hilfe zu erhalten, führte dazu, daß die *K. u. K. Heeresverwaltung* dringend ein Jagdflugzeug anforderte. Da die deutsche Fliegertruppe die von *Fokker* erfundene MG-Steuerung zurückhielt, versuchte man in Anlehnung an die von *Nieuport* verwendete Methode, über den Propellerkreis hinweg zu schießen. Ein entsprechendes Gerät wurde vom *K. u. K. Fliegerarsenal Fischamend* entwickelt. Dieses ungefüge Gehäuse verminderte die Leistungen des Flugzeugs zwar beträchtlich, war aber eine akzeptable Notlösung, die auch zu Erfolgen führte, wie die Abschußzahlen der österreichischen Jagdflieger Brumowski, Linke-Crawford u. a. bewiesen. Der erste österreichische Jagdeinsitzer, der mit dieser

Ausrüstung an die Front kam, war der *Typ KD*, in Österreich von *Phönix* und *UFAG* als *D I* gebaut. Er hatte dieselbe Strebenanordnung wie sein zweisitziger Vorgänger *KD* und überbrückte Österreichs Jagdflugzeuglücke, bis die von *OEFFAG* in Lizenz gebauten *Albatros D II* und *D III* verfügbar wurden. Der *Brandenburg D I* war eine Notlösung, kein hervorragendes Jagdflugzeug. Von *Phönix* wurden die *Serien 28* mit 160-PS-Austro-Daimler und *128, 228, 328* mit 200-PS-Austro-Daimler gebaut, während *UFAG* die *Serie 65* mit 185-PS-Austro-Daimler lieferte.

Hansa-Brandenburg KDW 1916

Bei den deutschen Marinefliegern waren einige leitende Offiziere der Ansicht, daß ein *Marine-Jagdflugzeug* unbedingt Schwimmer haben müsse, obwohl ein solches Jagdflugzeug den landgebundenen englischen Jägern gegenüber durch mangelnde Steigfähigkeit und Wendigkeit absolut unterlegen sein mußte. Dieser Ansicht verdanken die in großer Stückzahl gebauten Schwimmerjagdeinsitzer von *Albatros* und anderen Firmen ihre Entstehung. Auch Heinkel entwickelte aus seinem *Landjagdeinsitzer KD* eine *Schwimmermaschine KDW*. Die Zelle wurde mit wenigen Änderungen übernommen und auf ein Schwimmerpaar gesetzt. Die Gemischtbauweise war auch hier angewendet worden. Als Triebwerk wurden wahlweise Mercedes-160-PS- oder Benz-150-PS-Motoren verwendet. Schließlich wurde auch der Maybach 160 PS eingebaut. Im einzelnen wurden gebaut:

mit Benz 150 PS 13 Stück, Marine-Nr. 748, 783, 784, 1067–1076,
mit Mercedes 160 PS 10 Stück, Marine-Nr. 912, 913, 914–921,
mit Maybach 160 PS 35 Stück, Marine-Nr. 1380–1394, 1554–1574.

Hansa-Brandenburg CC (Brandenburg-Phönix und Dr. I) 1916

Die österreichischen Marineflieger bevorzugten für ihre Einsätze stets das Flugboot und hatten mit ihren Lohnerbooten bereits beträchtliche Erfolge erzielt. Was fehlte, war ein kleines wendiges Einsitzer-Jagdboot. Auf diese Forderung hin entwickelte Heinkel den Typ, den er aus Dankbarkeit gegen seinen Chef und Förderer Camillo Castiglione *»CC«* nannte. Dem ersten Boot dieses Typs ließ er diese Initialen an den Bug malen. Auch dieses Boot hatte die gekreuzte X-Verstrebung wie die Vorgänger *KDD, KD* und *KDW*. Bei der K. u. K. Marine liefen sie unter der Bezeichnung *Brandenburg A-Boote*. Während *KD* und *KDW* nur ein starres MG hatten, wurde *CC* mit zwei MG's bewaffnet. Die Flugboote hatten in der Adria gute Erfolge. Besonders der berühmte Marineflieger Linienschiffsleutnant Banfield erzielte zahlreiche Abschüsse mit diesem Boot. Auch die Kaiserliche Marine erteilte Auftrag auf insgesamt 36 Boote dieses Typs (Marine-Nr. 946, 1137–1146, 1327–1351), die sämtlich mit 150-PS-Benz ausgerüstet waren. Die österreichischen Boote hatten wahlweise Austro-Daimler 160 und 185 PS, oder

Hiero 160 PS. Um die Steigfähigkeit zu erhöhen, baute *Phönix* ein Versuchsboot mit einer kleineren dritten Tragfläche am Kreuzungspunkt der X-Streben. Dieses Boot *A 45* ging aber bei der Erprobung zu Bruch, so daß auf Serienbau verzichtet wurde.

Hansa-Brandenburg GW 1916

Einer Anforderung des Reichsmarine-Amts folgend brachte Heinkel 1916 das zweimotorige *Torpedo- und Bomben-Seeflugzeug GW* heraus, das wohl neben den entsprechenden Typen der *Gothaer Waggon-Fabrik* sich am besten bewährt hat, da die entsprechenden Typen von *Albatros* und *Friedrichshafen* nur in kleiner Serie gebaut wurden. Auf Grund der Einsatzerfahrungen ist dieser Typ während der Serienfertigung wiederholt Änderungen unterworfen worden, so daß es verschiedene Ausführungen gegeben hat, die sich aber in der Leistung nur unwesentlich unterscheiden. Die Maschine besaß als Triebwerk zwei Mercedes von je 160 PS. Insgesamt sind sechzehn *GW* gebaut worden, die die Marine-Nummern 528, 646–650, 700–704 und 1080–1084 trugen.

Hansa-Brandenburg GDW 1916

Gegen Ende 1916 brachte Heinkel noch eine etwas größere, verbesserte Ausführung des *Typs GW* unter der Bezeichnung *GDW Marine* Nr. 746 heraus. Da sich bei der Erprobung beim Seeflugzeug-Versuchs-Kommando Warnemünde keine wesentliche Verbesserung der Leistungen gegenüber *GW* ergaben, wurde auf den Serienbau verzichtet. Das Triebwerk der Maschine bestand aus zwei Benz 200 PS. Sie konnte einen Torpedo von 825 kg tragen und besaß eine Abwehrbewaffnung von einem MG.

Hansa-Brandenburg W 11 1916

Ebenfalls Ende 1916 brachte Heinkel noch eine etwas vergrößerte Ausführung des *See-Jagdeinsitzers KDW* mit einem stärkeren Triebwerk (Benz 200 PS) unter der Bezeichnung *W 11* heraus. Im allgemeinen Aufbau unterschied sich die Maschine nicht viel von der *KDW*, hatte aber eine auf zwei MG verstärkte Bewaffnung. Es wurden aber nur drei Maschinen Marine-Nr. 988–990 gebaut, da sich die Leistungen gegenüber *KDW* nicht wesentlich verbessert hatten. Die Maschine war nur 4 km/h schneller. Ihre Steigfähigkeit war dieselbe. Dagegen hatte sich die Reichweite um 35 % verschlechtert. So wurde auf einen Serienbau verzichtet.

Hansa-Brandenburg W 12 1916

Die Lage bei der Seeflugstation Zeebrügge in Flandern war 1916 sehr ernst geworden, da die englischen den deutschen Maschinen technisch absolut überlegen waren. HEINKEL wollte nun ein Flugzeug schaffen, das diesem Notstand abhelfen sollte. In nur acht Wochen entstanden die Konstruktionsunterlagen. Dann wurde die Maschine zusammengebaut und der Eile wegen ohne vorherige Flugerprobung per Bahn zum *Seeflugzeug-Versuchs-Kommando* (SVK) Warnemünde geschickt. Da es sich bei dem neuen Typ um einen freitragenden Doppeldecker *ohne* Verspannung handelte, waren die Herren des *SVK* sehr mißtrauisch. Der Abnahmepilot des SVK, STAGGE, war ein alter, erfahrener Vorkriegsflieger. Als Beobachter flog HEINKELS Werksingenieur »Jupp« KÖHLER mit. Das war HEINKELS Glück, denn die Maschine war derartig schwanzlastig, daß STAGGE die Maschine nur mit Mühe in der Luft halten konnte. KÖHLER konnte ihn mit Mühe überreden, ganze 45 Minuten in der Luft zu bleiben. In der Nacht änderte KÖHLER mit seinen Monteuren die Maschine durch Änderung des Spannturms und Rückverlegung der oberen Fläche. Dadurch saß der Flugzeugführer jetzt genau unter dem Spannturm, was sich beim Aus- und Einsteigen als hinderlich erweisen sollte. Aber die Änderung genügte, und nachdem der Kontrolloffizier des SVK, Oberleutnant z. See VON DEWITZ, die Maschine nachgeflogen hatte, erklärte Kapitän zur See HEERING, Leiter des SVK: »Auf diese Maschine können Sie stolz sein!« Die Maschine ging in den Serienbau und wurde bis zum Erscheinen der *W 29* das erfolgreichste deutsche Seeflugzeug, nicht nur in Flandern, sondern auch bei den anderen Seeflugstationen an der Nordsee. Unter Führung von Kptlt. CHRISTIANSEN erkämpften sich die Flieger von Zeebrügge dann mit diesem Flugzeug, und später auch mit der *W 29*, die Luftüberlegenheit an der flandrischen Küste und konnten sie bis zum Zusammenbruch 1918 halten. Insgesamt wurden 86 Maschinen dieses Typs gebaut, der Prototyp mit Mercedes-160-PS, alle anderen mit 150-PS-Benz. Sie erhielten die Marine-Nummern 1011–1016, 1178–1187, 1395–1414, 2000–2019, 2023–2052.

Hansa-Brandenburg W 13 1916

Mit dem stärksten in Österreich bis dahin entwickelten Triebwerk, dem Austro-Daimler von 350 PS rüstete HEINKEL das größte bis dahin von ihm gebaute *Flugboot W 13* aus. Es war eine vergrößerte Weiterentwicklung des *FB-Bootes* von 1915. Trotz seiner Größe, Spannweite etwa 20 m, hatte es nur eine schwache Abwehrbewaffnung von einem MG. Das Boot konnte zwar sechs Stunden in der Luft bleiben, die mitgenommene Bombenmenge war aber unzureichend. Da der 350-PS-Motor auch nicht immer zuverlässig war, wurde von diesem Boot, wie auch von anderen Herstellern gebauten Versuchsflugzeugen mit diesem Motor, nur ein einziges Exemplar hergestellt.

Hansa-Brandenburg W 16 1916

Auch der letzte von HEINKEL entworfene Jagdeinsitzer auf Schwimmern *W 16* wurde kein Erfolg. Der unverspannte kleine Doppeldecker war mit dem Umdre-

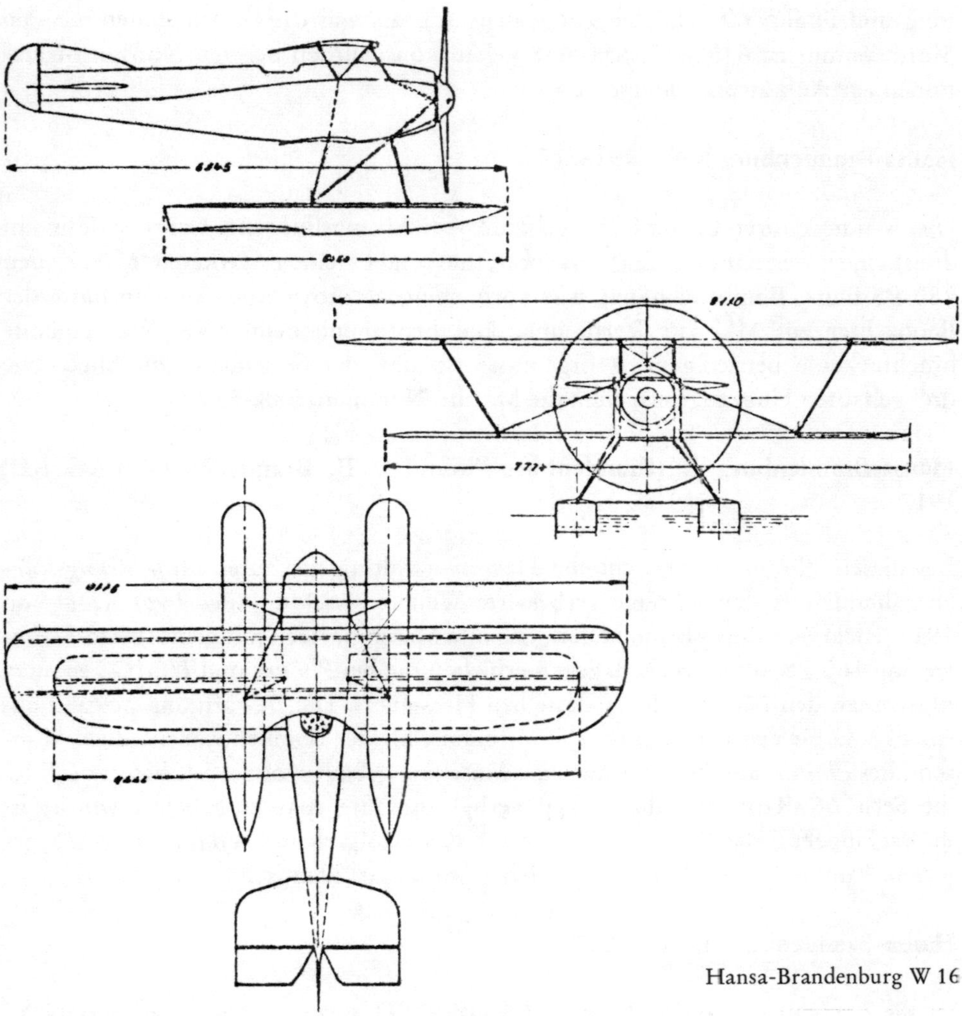

Hansa-Brandenburg W 16

hungsmotor Oberursel von 160 PS ausgerüstet, der sich schon bei den *Fokker-Eindeckern E IV* als nicht zuverlässig erwiesen hatte. Zudem konnten sich die an Standmotoren gewöhnten Marineflieger nicht mit dieser Art Triebwerk befreunden, so daß nur drei Maschinen dieses Typs fertiggestellt wurden, die die Marine-Nummern 1077–1079 trugen.

Hansa-Brandenburg GNW 1916/17

Bei diesem Flugzeug handelte es sich um eine Weiterentwicklung des *Aufklärungsflugzeugs NW* von 1915. Allgemeiner Aufbau, Bauweise und Triebwerk waren gleich. Sie verfügte aber über keine Abwehrbewaffnung! Bombenabwurfvorrichtung und Funkgerät gehörten zur Ausrüstung. Es wurden 14 Maschinen mit den Marinenummern 625–632, 651–658 gebaut. Sie wurden bei den Nordseeflugstationen zur Aufklärung eingesetzt.

Hansa-Brandenburg KW 1916/17

Dieses nur in drei Exemplaren gebaute Aufklärungsflugzeug war ebenfalls ein dreistieliger verspannter *Doppeldecker,* hatte aber einen stärkeren Motor, den 220-PS-Benz. Bombengehänge war vorhanden, als Abwehrbewaffnung hatte der Beobachter ein MG zur Verfügung. Die Erprobung beim SVK Warnemünde brachte keine befriedigenden Ergebnisse, so daß der Serienbau unterblieb. Die drei gebauten Flugzeuge erhielten die Marine-Nummern 588–590.

Hansa-Brandenburg K (Brandenburg-Phönix C II, Brandenburg-UFAG KD) 1917

Bei diesem für die österreichische Heeresverwaltung gebauten *Aufklärungsflugzeug* handelt es sich um eine verbesserte Weiterentwicklung des *Typs KDD* von 1916. Zwar war die in Brandenburg gebaute Maschine noch mit dem Austro-Daimler von 160 PS ausgerüstet, dagegen erhielten die bei *Phönix* und *UFAG* gebauten Maschinen den 200-PS-Motor desselben Herstellers. Die Bewaffnung bestand aus einem MG für den Beobachter. Die Mitnahme kleiner Bomben war möglich. Während bei *Phönix* anscheinend nur eine Maschine gebaut worden ist, lieferte *UFAG* die Serie 66. Trotzdem dieser Typ verhältnismäßig spät ausgeliefert wurde, ist dieses Flugzeug das Ausgangsmuster für das erfolgreiche *Seeflugzeug W 12* gewesen. Rumpf, Leitwerk und Tragflächen waren fast identisch.

Hansa-Brandenburg L 14 1917

Dieser *Jagdeinsitzer* sollte die Nachfolge des *KD* antreten. Da die gekreuzte X-Verstrebung sich als nicht genügend stabil erwiesen hatte, verwendete Heinkel jetzt auf jeder Seite zwei V-Streben, von denen die innere ursprünglich zum Spannturm abgefangen war. Dies wurde aber geändert und die Strebe am oberen Rumpfrand befestigt. Als Triebwerk diente der 200-PS-Hiero-Motor. Als Bewaffnung waren zwei starre MG's vorgesehen. Da die Maschine aber die Leistungen der bei *Oeffag* gebauten *Albatros D III* nicht überbieten konnte, verfiel sie der Ablehnung.

Hansa-Brandenburg L 15 1917

Auch bei diesem Versuch, den 350-PS-Austro-Daimler zu verwenden, ist Heinkel gescheitert. *L 15* war ein zweistieliger *Doppeldecker* mit Verspannung. Heinkel verzichtete wegen der gegenüber dem *Typ K* vergrößerten Spannweite auf die, wie sie von ihm genannt wurde, »Strebenspinne«. Neben starrem und beweglichem MG war *L 15* mit Bombenabwurfgerät ausgerüstet. Nur ein Versuchsflugzeug wurde fertiggestellt.

Hansa-Brandenburg L 16 1917

Dem allgemeinen Trend des Jahres 1917 zum Dreidecker folgend, hat auch HEINKEL einen solchen gebaut, ohne, wie viele andere, die Qualität des *Fokker-Dreideckers* zu erreichen. So ist es nicht verwunderlich, wenn auch diese mit einem 185-PS-Austro-Daimler ausgerüstete Maschine der Ablehnung verfiel.

Hansa-Brandenburg W 18 (Brandenburg-Phönix A) 1917

Dieses *Jagdeinsitzer-Flugboot* wurde an sich für die österreichische Marine entwickelt, jedoch ist auch ein Exemplar, Marine-Nr. 2138, an die Kaiserliche Marine geliefert worden. Die deutsche Ausführung hatte einen 150-PS-Benz-Motor, während bei *Phönix* ein 200-PS-Hiero eingebaut wurde. Es handelte sich um einen einstieligen, verspannten Doppeldecker in konventioneller Gemischtbauweise, der mit zwei starren Maschinengewehren bewaffnet war. Bei *Phönix* wurde eine kleinere Serie dieser Boote gebaut.

Hansa-Brandenburg W 19 1917

Das *See-Aufklärungsflugzeug W 19* entsprach der Marine-Klassifikation *C 3 MG* aber auch mit geänderter Ausrüstung der *C/HFT*. Dieses robuste Arbeitsflugzeug war eine erfolgreiche Konkurrenzentwicklung zur *Friedrichshafener FF 49 C* und hat sich bei allen Einsätzen gut bewährt. Als Triebwerk diente der 240-PS-Maybach. Die *W 19* war ein zweistieliger, verspannter Doppeldecker in konventioneller Gemischtbauweise. Je nach Einsatzzweck waren folgende Ausrüstungen möglich: 2 starre und 1 bewegliches MG, 2 starre MG und eine 2-cm-Becker-Kanone, oder je 1 starres und 1 bewegliches MG und Funkanlage. Mit der Kanone war nur das Flugzeug Nr. 2237 ausgerüstet. Insgesamt wurden 55 Flugzeuge dieses Typs gebaut. Dies waren die Marine-Nummern 1469–1471, 2207–2216, 2237, 2238 bis 2257, 2259–2278 und 2537.

Hansa-Brandenburg W 20 1917

Als die Marine begann, große U-Kreuzer auf Stapel zu legen, tauchte der Gedanke auf, diesen Schiffen ein Bordflugzeug mitzugeben. Ein solches Flugzeug hatte sich bei der Fernfahrt des Hilfskreuzers *»Wolf«* als sehr nützlich erwiesen. Warum sollte dies bei einem U-Kreuzer, der fern von der Basis operierte, nicht der Fall

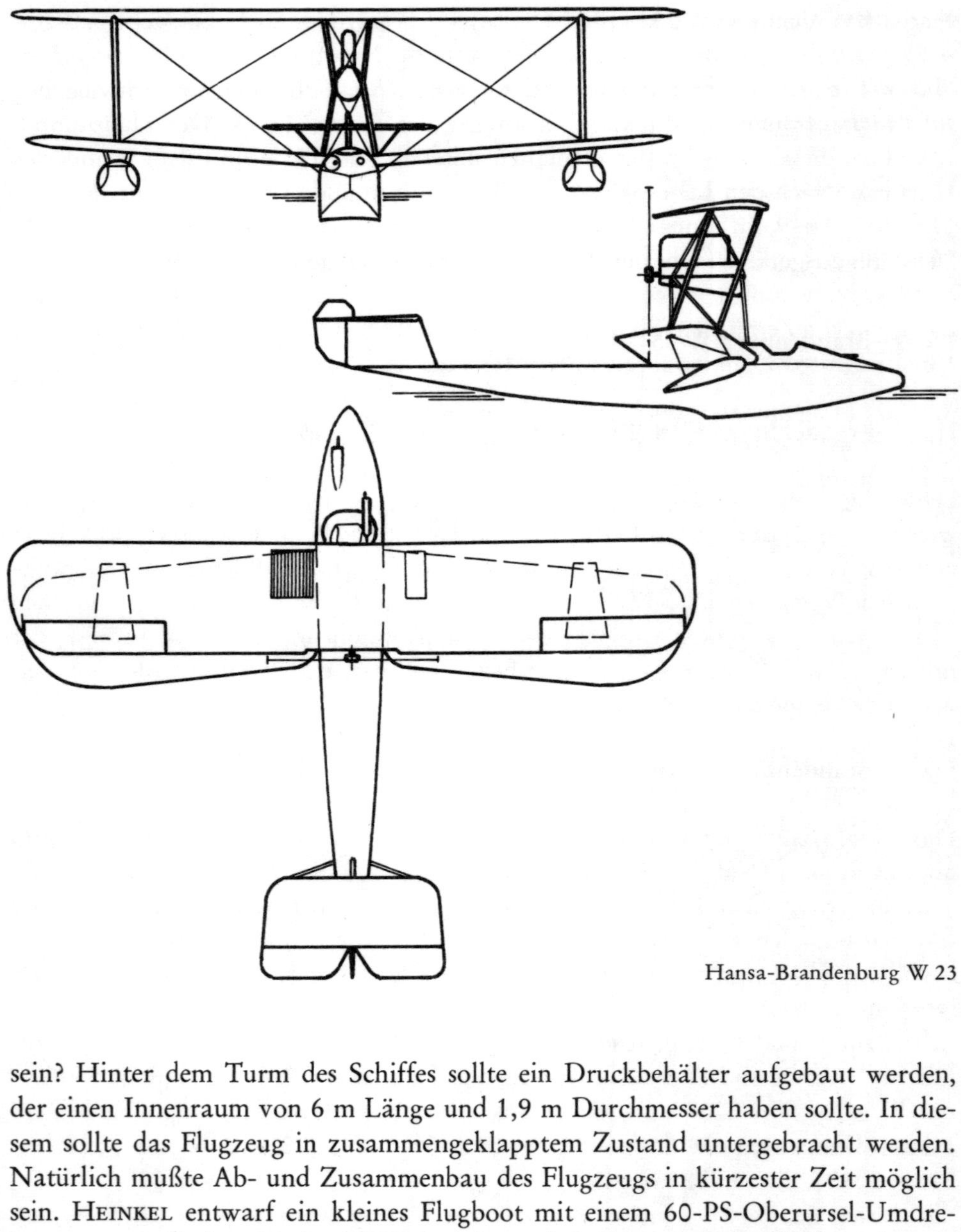

Hansa-Brandenburg W 23

sein? Hinter dem Turm des Schiffes sollte ein Druckbehälter aufgebaut werden, der einen Innenraum von 6 m Länge und 1,9 m Durchmesser haben sollte. In diesem sollte das Flugzeug in zusammengeklapptem Zustand untergebracht werden. Natürlich mußte Ab- und Zusammenbau des Flugzeugs in kürzester Zeit möglich sein. HEINKEL entwarf ein kleines Flugboot mit einem 60-PS-Oberursel-Umdrehungsmotor. Er konnte dem SVK beweisen, daß dieses Miniaturflugboot in 105 Sekunden abgebaut und im Druckkörper verstaut und in 165 Sekunden wieder betriebsfertig aufgebaut werden konnte. Die Stabilität der Konstruktion der ersten Ausführung genügte aber nicht, so daß eine Zusatzverstrebung notwendig wurde. Es wurden insgesamt sechs *W 20* gebaut (Marine-Nr. 1551–1552, 2590 bis 2592). Zum Einsatz sind sie nicht mehr gekommen.

Hansa-Brandenburg W 23 1917

Dieser Typ ist das letzte der von HEINKEL bei *Hansa-Brandenburg* entwickelten *Jagdflugboote* und ein direkter Nachfolger des *Bootes W 18.* Der Hauptunterschied zu diesem liegt in der gepfeilten unteren Tragfläche und dem geänderten Leitwerk. Nach den Lieferplänen des SVK Warnemünde sind drei Boote, Marine-Nr. 1647–1649, im Januar 1918 ausgeliefert worden. Alle drei waren mit 160-PS-Mercedes ausgerüstet. Über ihr Schicksal ist nichts bekannt.

Hansa-Brandenburg W 25 1917

Wie *W 23* das letzte von HEINKEL konstruierte *Jagdflugboot,* so war *W 25* der letzte von HEINKEL im Ersten Weltkrieg konstruierte Jagdeinsitzer auf Schwimmern. Es war ein einstieliger, verspannter Doppeldecker in konventioneller Gemischtbauweise, von dem nur ein Exemplar, Marine-Nr. 2258 mit 150-PS-Benz hergestellt wurde.

Die Zeit der Schwimmer-Jagdeinsitzer war endgültig vorbei. In Flandern entstand bereits die erste Marine-Jagdstaffel unter Gotthard SACHSENBERG, die ausschließlich mit Landjagdeinsitzern *Albatros D III* und *D V* ausgerüstet wurde.

Hansa-Brandenburg W 26 1917

Mit diesem dreistieligen, verspannten *Doppeldecker* lieferte HEINKEL sein erstes voll hochseefähiges *See-Aufklärungsflugzeug.* Die Maschine war mit dem 260/275-PS-Mercedes ausgestattet und verfügte über eine militärische Ausrüstung von einem starren und einem beweglichen MG, Bombenabwurfgerät und Funkanlage. Die große Tankanlage befähigte das Flugzeug maximal acht Stunden in der Luft zu bleiben. Trotz der guten Eigenschaften wurden aber nur drei Maschinen, Marine-Nr. 1739–1741 geliefert. Anscheinend hielt das SVK die entsprechenden Maschinen des Flugzeugbaus Friedrichshafen für zuverlässiger.

Hansa-Brandenburg W 27 1917

Als letzten Entwurf des Jahres 1917 brachte HEINKEL eine Schulmaschine heraus, die aus der bewährten *W 12* entwickelt wurde. Die *W 27* entsprach der Marine-Klassifikation *C 3 MG,* denn sie verfügte über zwei starre und ein bewegliches MG. Sie ähnelte weitgehend der *W 12.* Der Hauptunterschied bestand in der Staffelung der Tragflächen und in den I-Stielen gegenüber den Stielpaaren bei der *W 12.* Es wurde nur eine Maschine gebaut, Marine-Nr. 2202, die, obwohl als Verbesserung der *W 12* geplant, nur als Schulflugzeug Verwendung fand.

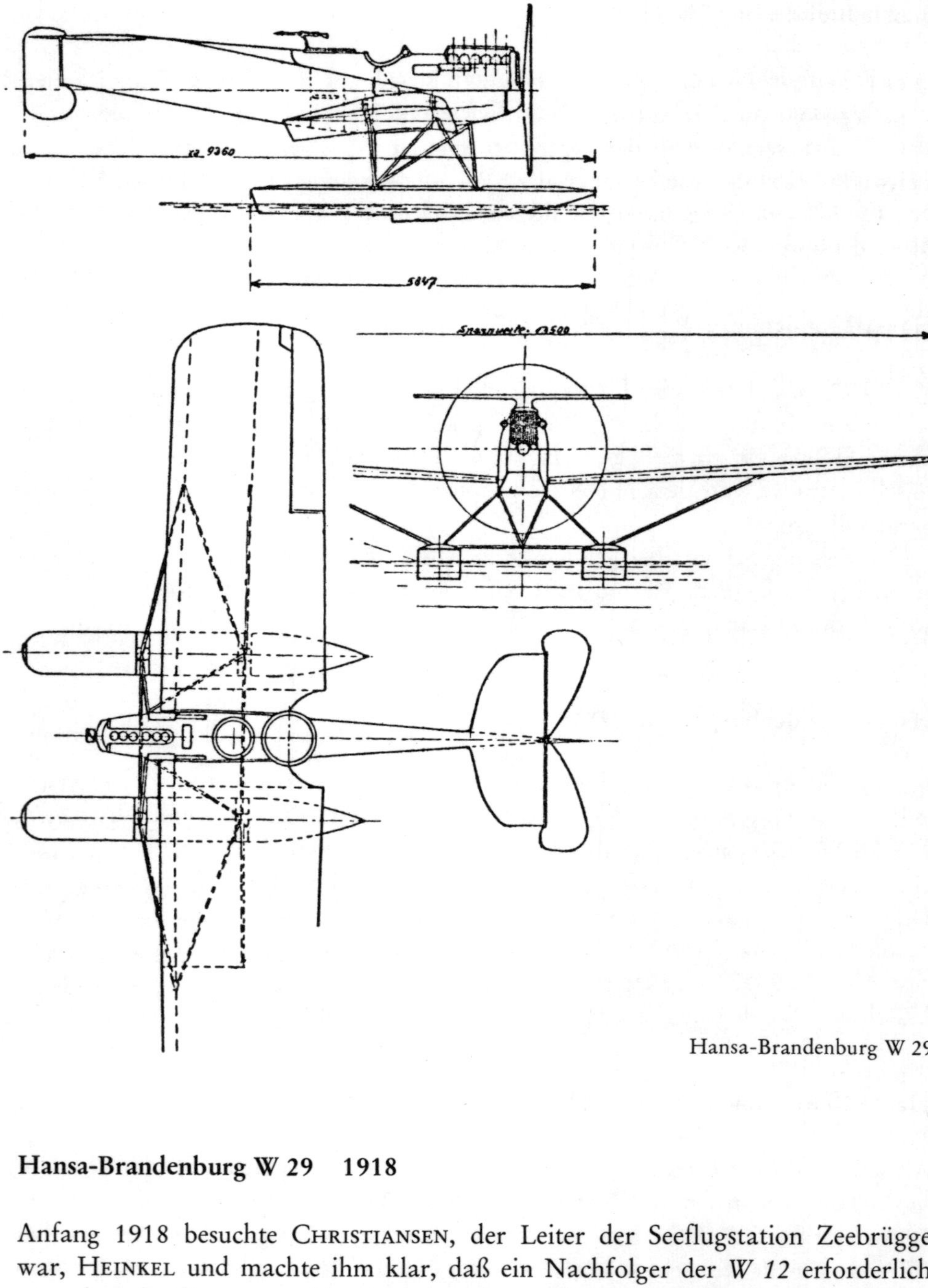

Hansa-Brandenburg W 29

Hansa-Brandenburg W 29   1918

Anfang 1918 besuchte Christiansen, der Leiter der Seeflugstation Zeebrügge war, Heinkel und machte ihm klar, daß ein Nachfolger der *W 12* erforderlich war, der schneller war und besser steigen konnte bei gleichbleibender Bewaffnung. Heinkel kam zu der Erkenntnis, daß so etwas nur mit einem Eindecker möglich sein würde und entschloß sich, diese Idee zu verwirklichen, trotzdem ihm die Abneigung aller damaligen Militärflieger gegen Eindecker bekannt war. Das Ergebnis seiner Arbeit war:

Rumpf der *W 12* wurde nur leicht verändert.
Spannturm und obere Tragfläche fielen weg.
Untere Tragfläche wurde vergrößert.

Der 150-PS-Benz wurde beibehalten. Mit einer Steigzeit von knapp sechs Minuten auf 1000 m Höhe und einer Höchstgeschwindigkeit von 180 km/h war der neue Vogel der *W 12* haushoch überlegen. Als die Maschine nach dem Überführungsflug beim SVK in Warnemünde ankam, war man erst verblüfft, dann begeistert. Christiansen, der von Zeebrügge herübergekommen war, beschlagnahmte die Maschine sofort für sich und flog auch nach einigen Schwierigkeiten sofort nach Zeebrügge, wo er noch unterwegs zwei englische Curtiss-Flugboote abschoß. Kurze Zeit danach gelang ihm der Abschuß von drei weiteren. Diese Erfolge erzielten eine nachhaltige Wirkung. Insgesamt wurden 64 Maschinen dieses Typs gebaut, die sich alle hervorragend bewährten und die Verteidigung des Luftraums von Flandern bis hinauf zur dänischen Grenze sicherstellten. Die *W 29* hat im Seeflugzeugbau revolutionär gewirkt und fand nach dem Kriege zahlreiche Nachahmer im Ausland, in Deutschland selbst bereits während des Krieges. Selbst der Flugzeugbau Friedrichshafen, Heinkels großer Konkurrent, baute 1918 noch einen solchen Tiefdecker. Bei Heinkel selbst wurde die *W 29* Stammvater einer ganzen Familie von Schwimmer-Eindeckern, deren letzter Sproß die *HE 31* des Jahres 1928 war. Zur Auslieferung bis zum Zusammenbruch 1918 kamen noch folgende Flugzeuge dieses Typs: mit 195-PS-Benz Marine-Nr. 2201–2206, mit 150-PS-Benz Marine-NR. 2287–2300, 2501–2536, 2564, 2569, 2588–2598.

Hansa-Brandenburg W 32 1918

Den Gedanken eines verbesserten Doppeldeckers nach Art der *W 12* hatte aber daraus die *W 32*, die sich durch besonders klare Linienführung auszeichnete. Die Maschine wies recht gute Leistungen auf. Der Ruhm der *W 29* überschattete aber alles, und so verfielen alle fünf Maschinen dem Schicksal der *W 27:* sie wurden im Schulbetrieb verwendet. Die fünf Maschinen, die noch vor November 1918 ausgeliefert wurden, trugen die Marine-Nummern 2282–2286.

Hansa-Brandenburg W 33 1918

Heinkel wollte die Leistung der *W 29* noch verbessern, und so entstand die *W 33*, eine etwas größere und stärkere Ausführung der *W 29*. Konstruktionsweise war dieselbe, die Maschine hatte jedoch etwas kantigere Linien. Vor allem hatte sie ein stärkeres Triebwerk, den 260-PS-Maybach. Es wurden nur noch sechs Maschinen fertiggestellt, obwohl weitere Serien wahrscheinlich gewesen wären. Die sechs Flugzeuge trugen die Marine-Nummern 2638–63.

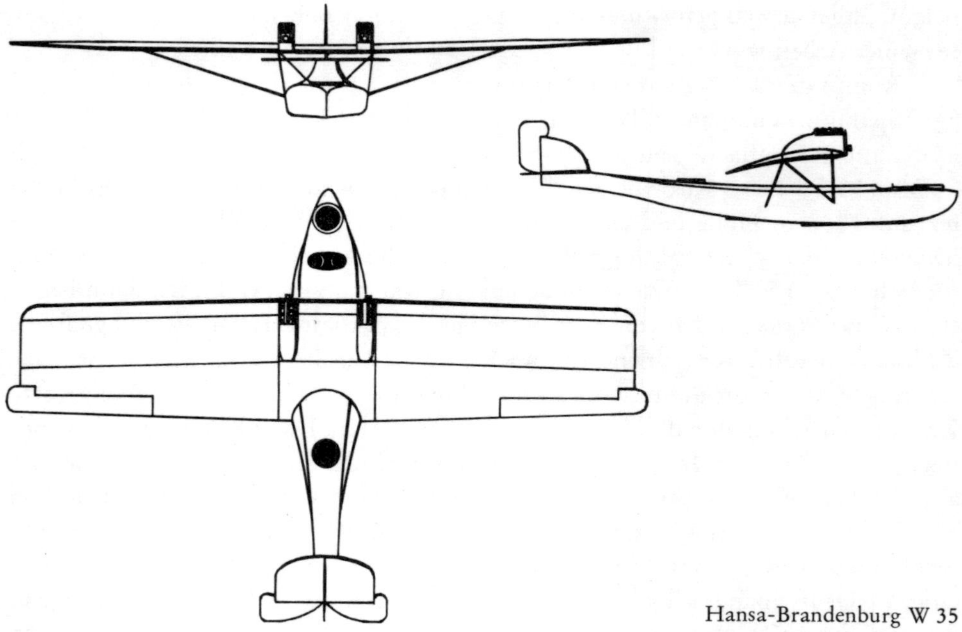

Hansa-Brandenburg W 35

Hansa-Brandenburg W 34 1918

In den letzten Kriegswochen wurden noch einige Maschinen des *Typs W 34* fertiggestellt, einer weiter vergrößerten und verbesserten Entwicklung der *W 12*. Die Maschinen kamen aber auf deutscher Seite nicht mehr zum Einsatz. Hieran war wahrscheinlich der Triebwerksengpaß schuld. Nach dem Waffenstillstand verschwanden dann die Zellen auf geheimnisvolle Weise und tauchten dann an den verschiedensten Punkten des Auslandes in leicht veränderter Gestalt wieder auf. Eine Maschine kam nach Finnland, wo die Maschine unter der Bezeichnung *JVL 22* nachgebaut wurde. Eine weitere landete in Japan, wo sie unter der Bezeichnung »Versuchs-Typ 15-Ko Mi-Go« geflogen wurde. Finnland lieferte dann einige Maschinen an Estland. Zumindest eine Maschine wurde in Frankreich beobachtet, wo sie wahrscheinlich das Vorbild für einige französische Konstruktionen wurde. Die in Finnland festgestellte Maschine war mit einem 300-PS-Fiat-Motor ausgerüstet.

Hansa-Brandenburg W 35 1918

Dieser Entwurf eines zweimotorigen Kampf- und Aufklärungsflugbootes konnte wegen des Zusammenbruchs 1918 nicht mehr verwirklicht werden. Es handelte

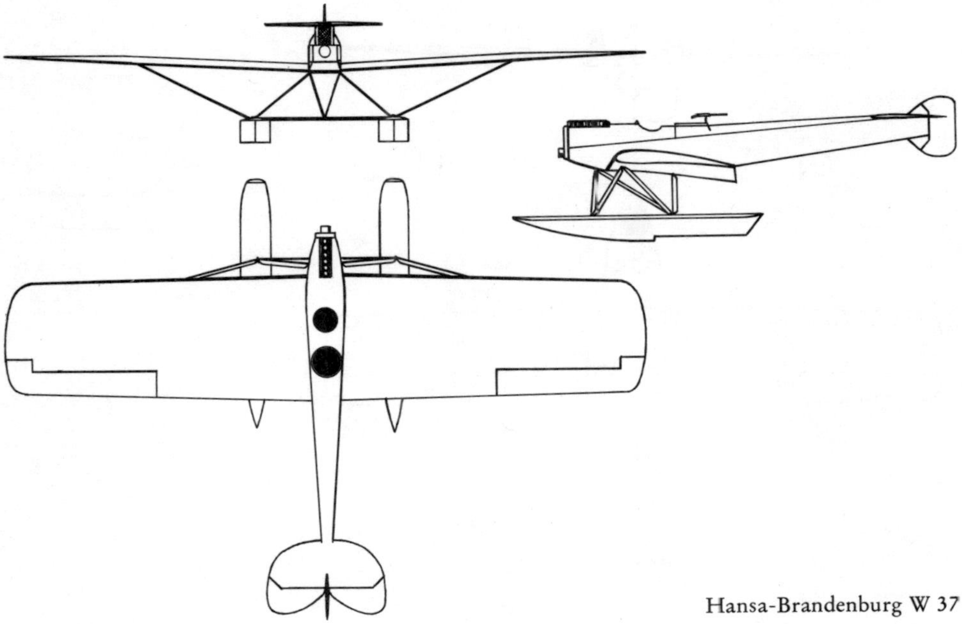

Hansa-Brandenburg W 37

sich um einen Hochdecker, die Motoren, zwei Basse & Selve von je 300 PS, lagen auf der Flächenoberseite etwa in Höhe der Rumpfseitenkante. Auffallend war das Fehlen von seitlichen Stützschwimmern oder anderen Stabilisierungsmitteln. Das Boot sollte eine Besatzung von vier Mann haben, im Bug eine 2-cm-Becker-Kanone und im hinteren Bootsteil einen MG-Stand zur Abwehr nach hinten. Die Konstruktion an sich war in der bei Heinkel üblichen Gemischtbauweise.

Hansa-Brandenburg W 37 1918/19

Heinkels letzter Entwurf bei *Hansa-Brandenburg* sollte wieder eine Verbesserung des *W-29-Konzepts* bringen. Der Entwurf konnte aber nur noch auf dem Zeichenbrett vollendet werden. Heinkel behielt aber den Entwurf im Auge. Er sollte dann auch mit zum Start in die dritte Phase seines Lebens als Konstrukteur und Flugzeugbauer beitragen. Anscheinend hat er aber noch vorher die Nachbaurechte der *W 37* an die holländische Firma *van Berkel* verkauft, denn die von ihr an die holländische Marine verkaufte Maschine, von der eine kleine Serie geliefert wurde, trägt trotz einiger Veränderungen die unverkennbaren Merkmale von Heinkels Entwurf. In Deutschland wurde dann 1921/22 aus der *Hansa-Brandenburg W. 37* die *Caspar S. 1,* später als *HE 1* bezeichnet.

Teil III 1918-1922

Nach der Liquidation der Hansa-Brandenburgischen Flugzeugwerke fuhr HEINKEL nach Stuttgart und mietete sich dort vorerst in einem Hotel ein. Neun Monate wartete er darauf, daß etwas geschehe, was ihm den Weg in eine neue berufliche Zukunft bereiten könnte. Wie viele andere harrte er vergeblich darauf. Schließlich gab er das Warten auf, fuhr in seinen Heimatort Grunbach, erwarb dort ein Wiesengrundstück und baute eine kleine Fabrik für Elektromaterial auf. Auch den Umbau liegengebliebener Heereskraftwagen für den zivilen Bedarf übernahm er. Ihm blieb nichts anderes übrig. Jeglicher Flugzeugbau war von den Siegermächten verboten worden.

Die ersten Ansätze zum Bau deutscher Verkehrsflugzeuge im Jahre 1919 *(Junkers F 13, Rohrbach-Eindecker)* hatten bewiesen, daß die Deutschen trotz der Niederlage zu gefährlichen Konkurrenten auf dem internationalen Markt werden könnten. Außerdem blieben immer noch die vielen übriggebliebenen Kriegsflugzeuge. Was sollte mit ihnen geschehen? Wem sollte man sie verkaufen? Nach 1918 bestanden alle Verkehrsflugzeuge des Auslandes aus umgebauten Militärflugzeugen. Nur Deutschland, dem man anfangs nur den Militärflugzeugbau verboten hatte, wäre in der Lage gewesen, reine Verkehrsflugzeuge zu liefern. Das Bauverbot sorgte also lediglich für ein Niederschlagen der Konkurrenz.

HEINKEL hielt sich mit großer Mühe über Wasser. Da tauchte plötzlich im Jahre 1921 sein alter Freund CHRISTIANSEN bei ihm auf. Dieser hatte sich in der Zwischenzeit mit Carl CASPAR, dem Inhaber der ehemaligen Hanseatischen Flugzeugwerke, zusammengetan. Unter seinem eigenen Namen hatte CASPAR ein neues Werk in Travemünde gegründet, um Flugzeuge zu bauen. Da zerschlug das Bauverbot alle seine Hoffnungen und Pläne. CASPAR begann darauf Grammophonkästen zu bauen. CHRISTIANSEN oder KRISCHAN, wie er unter Freunden genannt wurde, war mit dieser Entwicklung unzufrieden und verließ seinen Teilhaber CASPAR. Er ging nach Norwegen und suchte für die norwegische Fischerflotte Heringsschwärme vom Flugzeug aus. Sowohl die Fischer als auch er verdienten dabei gut. Bei dieser Tätigkeit war er mit vielen Leuten in Berührung gekommen; unter ihnen befanden sich auch einige Amerikaner. Diese zeigten sich an deutschen Flugzeugen sehr interessiert. Sie hatten damals nämlich im Flugzeugbau noch vieles nachzuholen. Im allgemeinen ist es heute nicht bekannt, daß die amerikanischen Flieger, die in den Jahren 1917/1918 gegen Deutschland kämpften, ihre Einsätze in Europa auf europäischen Flugzeugen flogen. Die amerikanischen Maschinen waren dem europäischen Standard nicht gewachsen.

Die Amerikaner, mit denen CHRISTIANSEN in Verbindung kam, interessierten sich für eine Maschine wie die *Hansa-Brandenburg W 20,* das kleine U-Boot-Flugzeug, natürlich in einer moderneren Bauart. CHRISTIANSEN wandte sich wieder an CASPAR, der für das neue Projekt Feuer und Flamme war. Aber ihnen fehlte ein Konstrukteur. KRISCHAN brauchte nicht lange zu reden, um HEINKEL für diese Aufgabe zu gewinnen. Selbst die Interalliierte Kontrollkommission, die das Bauverbot zu überwachen hatte, konnte ihn nicht schrecken. Für die Konstruktion brauchte er natürlich Mitarbeiter, die bei der Detailarbeit halfen. Er fand zwei junge Männer, einen Österreicher namens SCHWÄRZLER und als zweiten einen gewissen KLEINEMEYER. Als dritten Mann suchte und fand er den bewährten »Jupp« KÖHLER. Diese drei haben HEINKEL dann auf seinem Lebensweg bis ans Ende begleitet.

Die Amerikaner gingen mit ihren Forderungen noch weiter als ehemals das Reichsmarine-Amt. Nach ihren Vorstellungen sollte das Flugzeug zusammengelegt in einem Druckbehälter von sechs Meter Länge und 1,5 m Durchmesser Platz finden. HEINKEL löste diese Aufgabe glänzend, obwohl nicht alle Wünsche erfüllt werden konnten. Er baute zwei Flugzeuge unter der Bezeichnung *Caspar U 1,* welche die US-Marine mit der Kennzeichnung *A-6434* und *A-6435* erprobte. Allerdings mußte der Plan, sie auf einem Unterseeboot unterzubringen, fallengelassen werden. Die Herstellung eines zuverlässig abgedichteten Druckkörpers gelang nicht. Am Rande sei erwähnt, daß es die Amerikaner damals mit dem Bauverbot nicht so genau nahmen. Außer der *Caspar U 1* stellte die US-Marine in dieser Zeit auch noch eine *Junkers F-13* auf Schwimmern und ein *Delphin II*-Flugboot von Dornier ein. Sie erprobte darüber hinaus noch ein *Brandenburg-Phönix A*-Flugboot mit der Reg. Nr. A-5806.

Kaum hatten die Amerikaner die beiden *U 1* abgenommen, als eine japanische Abordnung erschien und ebenfalls zwei dieser Maschinen haben wollte. Sie erhielten sie in ganz kurzer Zeit.

Inzwischen baute HEINKEL aber für CASPAR ein sogenanntes Verkehrsflugzeug. Tatsächlich handelte es sich dabei um seine letzte Konstruktion bei Hansa-Brandenburg, die *W 37*. Wegen des Zusammenbruchs war sie nicht mehr fertig geworden. Es ist heute nicht mehr genau festzustellen, ob die bei CASPAR gebaute Maschine nach Zeichnungen gebaut worden ist, die HEINKEL erst dort anfertigte, oder ob Teile im Jahre 1918 bereits fertig waren und bei CASPAR nur modifiziert und zusammengebaut worden sind. Auf jeden Fall flog die Maschine als Passagierflugzeug mit der Zulassung *D 450*. Der Beobachtersitz war verbreitert worden, so daß für zwei Fluggäste Platz war. Dieses Flugzeug lief unter der Typenbezeichnung *S. 1.* Es sollte noch Karriere machen.

Ein ehemaliger deutscher Marineflieger, Clemens Bücker (der spätere Chef der Bücker Flugzeugwerke in Berlin-Rangsdorf), war nach dem Kriege nach Schweden gegangen. Dort wollte er einen Auftrag an Caspar vermitteln. Caspar, d. h. Heinkel, sollte die Zeichnungen für ein Flugzeug liefern. Es war beabsichtigt, die Teile bei Caspar fertigen zu lassen. Den Zusammenbau aber mußte die schwedische Marinewerft Gashaga übernehmen. Der Grund ist klar: Die Maschinen sollten englische Motoren bekommen; die erhielt eine deutsche Firma aber nicht. Deshalb wurde die Angelegenheit auf diese Weise geregelt. Die Schweden führten die Maschine als Typ *32* ein. Heinkel verbesserte sie später noch. Er befestigte den Motor nicht mehr unmittelbar an der Holzzelle, sondern hängte ihn an einem eisernen Trägergerüst auf, das vom Rumpf noch durch ein Brandschott getrennt war. Als Motor diente der ersten Maschine ein Armstrong-Siddeley von 240 PS. Die zweite Ausführung erhielt einen Rolls-Royce-Motor »Eagle« mit 360 PS. Die beiden Maschinen trugen die Typenbezeichnungen S 1 und S 2. Dabei war die Maschine mit der neuen Bezeichnung S 1 nicht mehr derselbe Typ wie jene mit der Zulassung *D 450.* Diese besaß als Triebwerk einen Maybach-Motor von 260 PS mit zweiflügeliger Luftschraube. Die beiden neuen S 1 und S 2 hatten vierflügelige Propeller. Auch war der Rumpf schmaler und trug militärische Ausrüstung. Alle drei Typen aber, die *D 450,* die S 1 und die S 2, stellten tatsächlich nur leichte Modifikationen des Typs *Hansa-Brandenburg W 37* dar.

Kurz nach Fertigstellung der S 2 wurde das absolute Bauverbot aufgehoben. Sofort tat Heinkel den entscheidenden Schritt. Am 1. Dezember 1922 gründete er die Ernst Heinkel Flugzeugwerke.

Caspar U 1 1921/22

U-Boot-Bordflugzeug. Freitragender Doppeldecker ohne Stiele. Triebwerk 60-PS-Siemens-Motor. Konnte in 100 Sekunden zerlegt und in einem Druckkörper von sechs Meter Länge und 1,5 Meter Durchmesser verstaut werden. Wiederaufbau dauerte etwa 200 Sekunden. Es wurden je zwei Maschinen an die US-Amerikanische und die Japanische Marine geliefert.

Caspar S 1 1921/22

Verkehrsflugzeug für 1 Flugzeugführer und zwei Fluggäste. Zulassungs-Nr. D 450. Triebwerk: Maybach 260 PS. Zelle *Hansa-Brandenburg W 37.* Nur ein Stück gebaut.

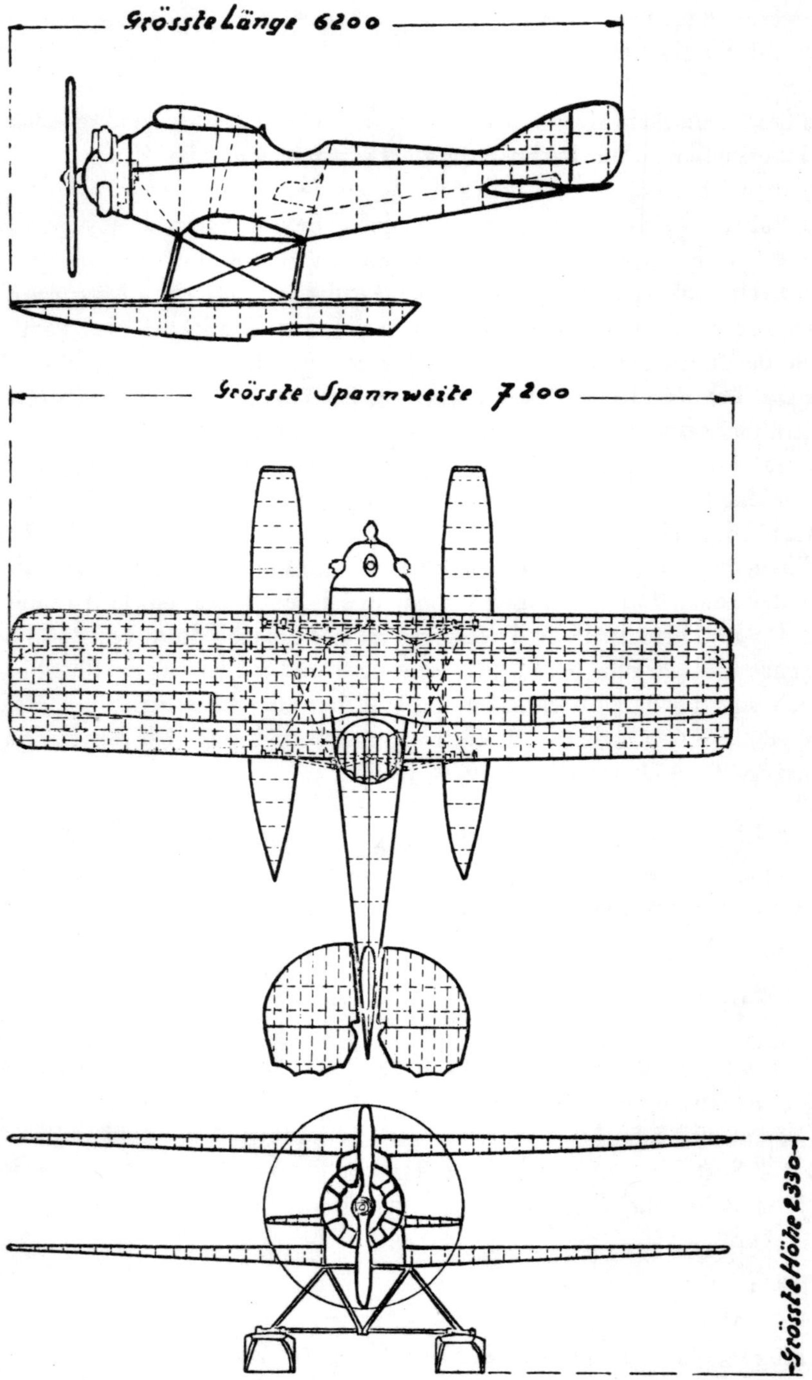
Grösste Länge 6200
Grösste Spannweite 7200
Grösste Höhe 2330

Caspar S 1 1922

See-Aufklärungsflugzeug für die Schwedische Marine. Triebwerk: Armstrong-Siddeley 240 PS. Zelle *Hansa-Brandenburg W 37* mit Änderungen. Zellen-Komponenten bei *Caspar* gebaut. Endmontage in Schweden. Kleine Serie.

Caspar S 2 1922/23

Verbesserte Ausführung von *S 1* mit Rolls-Royce »Eagle« 360 PS. Lieferbedingungen wie bei *S 1*. Kleine Serie. Letzter Entwurf HEINKELS für Caspar. Neuerung: Motor nicht mehr unmittelbar am Rumpf angebaut, sondern an Stahlrohrgerüst aufgehängt und durch metallenes Brandschott vom Rumpf getrennt. Dadurch verringerte Brandgefahr.

Anmerkung: Die für Schweden gebauten *S 1* und *S 2* sind später von HEINKEL als *HE 1* und *HE 2* bzw. *He 1* und *2* bezeichnet worden, da es *seine* Konstruktionen gewesen seien. Es ist merkwürdig, daß er die *U 1* nicht in seine Typenliste einbezogen hat.

Teil IV 1922-1932

Kaum war das absolute Bauverbot für Flugzeuge aufgehoben und bekannt gemacht worden, als HEINKEL den Entschluß faßte, sich von CASPAR zu trennen und selbständig weiterzuarbeiten. Er weihte seine drei Getreuen, KÖHLER, SCHWÄRZLER und KLEINEMEYER, in seine Pläne ein und fragte sie, ob sie dabei mitmachen wollten. Trotz des Wagnisses, das zweifellos damit verbunden war, entschlossen sich alle drei, mit HEINKEL mitzugehen. Dann sprach HEINKEL mit BÜCKER. Dieser beabsichtigte, in Schweden selbst ein Werk aufzubauen. Einen größeren Auftrag auf Lieferung weiterer Flugzeuge vom Typ *S 1* hatte BÜCKER so gut wie in der Tasche. Ein guter Anfang wäre damit gesichert gewesen. Er machte HEINKEL auch als erster darauf aufmerksam, daß bei der Reichswehr im Gegensatz zu den Bestimmungen des Versailler Vertrags Bestrebungen im Gange waren, den Kern für eine spätere Luftwaffe aufzubauen. Er konnte später zu einer echten Teilstreitkraft erweitert werden. Im Hinblick darauf meinte BÜCKER, es wäre doch möglich, in Deutschland Militärflugzeuge zu konstruieren und sie im Ausland zu bauen. Dabei dachte er an Schweden. Im übrigen gingen DORNIER, JUNKERS und ROHRBACH diesen Weg.

HEINKEL hatte seine Überlegungen noch nicht abgeschlossen, als er durch die Presse erfuhr, daß in Göteborg ein Flugzeugwettbewerb stattfinden sollte, der auch deutschen Herstellern offenstand. Dabei sollten die besten Flugzeuge für die schwedische Luftwaffe ausgesucht werden. HEINKEL erkannte seine Chance. Am nächsten Morgen kündigte er dem völlig überraschten CASPAR. Er mietete sich ein Nebenzimmer in einer Gastwirtschaft und eröffnete in ihr ein Konstruktionsbüro. Seine drei Getreuen kamen sofort mit. CASPAR versuchte, das mit allen Mitteln zu verhindern. Er ließ sogar HEINKELS Mitarbeiter unter dem Vorwand, sie hätten Werkszeichnungen mitgehen heißen, verhaften.

HEINKEL vermochte nachzuweisen, daß die fraglichen Konstruktionspläne sein Eigentum waren. Der Fall war damit erledigt. Es sei am Rande vermerkt, daß CASPAR nach diesem Vorfall auf allen ihm verbliebenen Zeichnungen und den künftigen Entwürfen den Text aufdrucken ließ: Diese Zeichnung ist Eigentum der Caspar-Werke KomGes.a.Akt., Travemünde, und darf ohne besondere Erlaubnis weder vervielfältigt noch dritten Personen zugängig gemacht werden. Von HEINKELS Entwürfen trägt nur die Zeichnung der *U 1* diesen Stempelaufdruck.

Inzwischen ging das Flugzeug für Göteborg in einer Halle des ehemaligen Seeflugzeug-Versuchskommandos in Warnemünde seiner Vollendung entgegen. Es war ein kleiner Tiefdecker in Holzbauweise. Rumpf und Flächen bestanden aus Sperrholzplanken. Der einzige Motor, der dafür aufgetrieben werden konnte, war ein 100-PS-Siemens (Hersteller Siemens & Halske, Flugmotorenwerk, Berlin-Spandau. Dort entstand später die Firma Siemens Apparate und Maschinenbau-SAM, die dann zu den Brandenburgischen Motorenwerken und in der Endphase zur Firma Bayerische Motorenwerke Brandenburg (Bramo) wurde).

Als Heinkel die oben erwähnte Halle gefunden und erworben hatte, war auch sogleich die Werksgründung vorgenommen worden. Stolz prangte außen an der Halle ein großes Schild mit der Aufschrift *Ernst Heinkel Flugzeugwerke.* Heinkel betrieb eine skrupellose Abwerbung von Fachkräften bei Caspar und hatte bald die Meister der Tischler-, Schlosser- und Klempnerwerkstatt zu sich herübergeholt. Aber ihn plagten Geldsorgen. Die Inflation schritt vorläufig noch langsam, aber unaufhaltsam fort. In jenen Tagen erschien Bücker wieder bei ihm und lud ihn ein, sich an der Gründung seiner neuen Firma zu beteiligen. Heinkel zögerte nicht lange und fuhr mit Bücker nach Stockholm. Die Frage der Finanzierung war rasch geklärt. Die neue Firma hieß »Svenska Aero Aktiebolaget« und bildete das Kernstück der »Svenska Aeroplan Aktiebolaget (SAAB)«, die später ganz in schwedische Hände überging.

Inzwischen hatte Schwärzler die fertige neue Maschine unter großen Schwierigkeiten nach Göteborg gebracht. Heinkel nannte sie *HE 3* da er die *S 1* und *S 2* als *HE 1* und *HE 2* ansprach. Bücker flog die *HE 3* und lobte ihre guten Flugeigenschaften. Die Maschine ging dann aus allen technischen Prüfungen als Sieger hervor und erhielt den ersten Preis. Damit war die finanzielle Grundlage seines Werkes fürs erste gesichert. In Schweden hatte er nun den Namen, den er brauchte.

Kurze Zeit darauf erschien der damalige Hauptmann der Reichswehr und spätere General der Fallschirmjäger Student bei Heinkel und verstand es, ihn für die Interessen der Reichswehr zu gewinnen. Er sollte Prototypen entwickeln, die Deutschland den Anschluß an die Militärflugzeug-Entwicklung des Auslandes sicherten. Die Erprobung der Maschinen mußte in dem geheimen Stützpunkt der Reichswehr-Fliegertruppe in der Sowjetunion, bei Lipezk, nahe Smolensk, stattfinden. In einer geheimen Zusatzklausel des deutsch-sowjetischen Vertrages von Rappallo hatte sich Deutschland diesen Platz sichern können. Die Russen stellten lediglich die Bedingung, die dort erprobten Flugzeuge jederzeit besichtigen und von dieser Entwicklung profitieren zu können. Während dieser ganzen Zeit hat sich Heinkel als guter und zuverlässiger Mitarbeiter der Reichswehr erwiesen. Im Jahre 1935 war er daher auch am besten auf den schnellen Ausbau der Luftwaffe vorbereitet.

Heinkel war sich darüber klar, daß er vom Bau von Sport- und Schulflugzeugen nicht leben konnte, und Verkehrsflugzeuge lagen ihm anscheinend nicht. Das änderte sich erst, als er die Brüder Walter und Siegfried Günther als Konstrukteure einstellte. Doch geschah das erst Anfang der dreißiger Jahre und sollte eine vollkommen neue Familie von *Heinkel-Flugzeugen* hervorrufen. Vorläufig aber brauchte er Abnehmer für Militärflugzeuge. Er fand sie leicht. Sein Ruhm, den er sich mit den Typen *W 29* und *34* erworben hatte, war noch nicht erloschen. Heinkel hat sich dazu einmal selbst geäußert: »Allen Begriffsbestimmungen der Entente zum Trotz gingen wir nun daran, Militärflugzeuge für das Ausland zu bauen. Die nordischen Länder, Schweden, Dänemark, ferner Rußland und vor allem Japan, wurden von uns beliefert. Oft kamen Kontrollkommissionen, aber sie haben nie etwas gefunden, da bereits vorher die Flugzeuge in den Dünen versteckt wurden...«

In den Tagen, als Heinkels Verbindungen mit der Reichswehr begannen, tauchten auch die Japaner wieder auf, die ihn auf Grund seiner Typen *W 34* und *U 1* sehr schätzten. In seinen Erinnerungen schildert Heinkel diese Begegnung wie folgt:

»Der Kapitän Kaga *von der japanischen Vertretung in Berlin und der Ingenieur* Yonezawa *von der japanischen Flugzeugfirma Aichi Tokei Denki machten eines Tages ihre Aufwartung, und ihre Wünsche waren ähnlicher Art wie diejenigen von* Student. *Sie wünschten von mir auf Grund meiner Erfahrungen hochwertige Land- und Seeflugzeuge, die für die japanische Marine-Luftwaffe, vor allen Dingen als Torpedoflugzeuge, geeignet seien. Als ich sie auf die bestehenden Verbote hinwies, lächelten sie ebenso milde und vielgesichtig.*

Ich erklärte ihnen weiter, der Bau von Mustermaschinen in meiner Halle sei angesichts schon vorhandener, auch etwas delikater Aufträge nahezu unmöglich. Ich könnte vielleicht ein *im Bau befindliches Flugzeug bei plötzlichen Inspektionen durch die Alliierte Überwachungskommission »verschwinden lassen«, nicht aber gleich zwei oder drei. Das Lächeln in Kagas freundlichem und zugleich undurchsichtigem Gesicht wurde danach noch breiter und geheimnisvoller.*

»Herr Heinkel*«* *sagte* Yonezawa, *»Sie für uns arbeiten und all diese Sorge vorbei...«*

»Wieso...«, wollte ich wissen.

»Nun«, sagte Yonezawa, *»japanischer Marineattaché in Berlin gehört zur Kommission. Weiß immer, wann und wo Kontrolle. Was Sie sagen, wenn Sie immer vorher hören, wann Kommission bei Ihnen kommt?«*

An diesem Tage entstand jene Zusammenarbeit mit Japan, die durch Jahrzehnte währte und über die noch viel zu sagen sein wird. Ich konstruierte jetzt und im folgenden Jahr gleichzeitig für die Reichswehr und für Japan eine

Reihe von Doppeldeckern, die im einzelnen heute technisch nicht mehr von Interesse sind, damals als Aufklärungs-, See- und Torpedoflugzeuge aber auf der Höhe ihrer Zeit waren. Was YONEZAWA *aber in Aussicht gestellt hatte, trat tatsächlich ein. Jedesmal, bevor eine Kontrolle bei mir erschien, bekam ich einen Anruf aus Berlin oder von irgendeinem unbekannten Ort. Er besagte nichts weiter, als : »Wir wollen euch besuchen ...«*

Im übrigen wäre dieses Versteckspiel mit der Kontrollkommission einmal beinahe schiefgegangen. Als die Kontrollkommission während des Baus des Torpedoflugzeuges *HD 14* erschien, hatte man vergessen, den 600-PS-Fiat-Motor wegzuräumen. Nach den Begriffsbestimmungen für deutsche Flugzeuge durften derartige Motoren überhaupt nicht verwendet werden. Die französischen Kontrolloffiziere entdeckten ihn natürlich sofort und machten ihrer Entrüstung in erregten Worten Luft. Sie drohten mit allen möglichen Maßnahmen, obwohl HEINKEL ihnen einzureden versuchte, es handele sich nur um ein Anschauungsmodell für die Lehrlingsausbildung. Doch der japanische Kontrolloffizier, Kapitän KAGA, griff ein, und es gelang ihm, Schlimmeres zu verhüten. Der Motor blieb stehen, und für HEINKELS Werk ergab sich kein Schaden aus dem Vorfall.

Bei der Aufzählung seiner Kunden hat HEINKEL im übrigen einen ausgelassen. Ob das mit oder ohne Absicht geschah, läßt sich heute nicht mehr feststellen. Tatsächlich aber baute auch die amerikanische Firma Cox-Klemin in Lizenz *Heinkel-Flugzeuge* für die US-Marine, und der amerikanische Luftwaffenattaché, Major Geo E. A. REINBURG, benutzte als Reisemaschine eine *Heinkel HD 22*.

Von den Flugzeugen, die HEINKEL in den nächsten Jahren für die verschiedensten Verwendungszwecke baute, seien besonders die Zeitungsflugzeuge *HD 39* und *HD 40* erwähnt. Es handelte sich um ausgesprochene Spezialflugzeuge. Bei der Auftragserteilung geriet er übrigens in scharfe Konkurrenz zu seiner alten Firma Albatros. Die beiden Flugzeuge besaßen eine Abwurfvorrichtung, mit deren Hilfe sie die Zeitungsbündel im Tiefflug über dem Zielort abwarfen. Auf diese Weise konnte die »BZ am Mittag«, ein damals vielgelesenes Blatt aus dem Verlag Ullstein, binnen weniger Stunden an die Urlauber an Nord- und Ostsee ausgeliefert werden. Bei der feierlichen Übergabe der BZ-Flugzeuge auf dem Flughafen Tempelhof lernte HEINKEL auch den Mann kennen, der in der schweren Zeit nach dem Ersten Weltkrieg unendlich viel für die Entwicklung des deutschen Luftverkehrs getan hat. Es war Major a. d. Ernst BRANDENBURG, der ehemalige Kommandeur des berühmten England-Geschwaders *BG 3*, der nun als Ministerialrat die Leitung der Luftfahrtabteilung des Reichsverkehrsministeriums übernommen hatte. BRANDENBURG war aber auch der Mann, über dessen Dienststelle so mancher Auftrag für die geheime deutsche Luftwaffe dieser Zeit lief. Er mußte deren Finanzierung tarnen. Seine gefahrenreiche Arbeit ist ihm im Dritten Reich schlecht gedankt worden. Er verschwand sang- und klanglos im Hintergrund und ist später verbittert gestorben.

Im Jahr 1925 begann eine neue Entwicklung, mit der Heinkel in Deutschland bahnbrechend gewirkt hat. Es handelte sich um das Flugzeugkatapult. Den Anstoß dazu gaben die Japaner. Eines Tages erschien der japanische Kapitän Kojima bei Heinkel und legte ihm den Plan des damals neuesten Schlachtschiffes »Nagato« vor. Die Japaner wünschten ein Flugzeug, das von diesem Schiff aus starten konnte. Für diesen Bordaufklärer wollten sie auf der »Nagato« eine Startbahn auf einem der Geschütztürme aufbauen. Sie sollte eine Länge von zwanzig Metern besitzen. Das Flugzeug mußte von dieser Mini-Startbahn aus starten können. Heinkel ließ eine zwanzig Meter lange Startschiene mit einem gut rollenden Startwagen bauen, auf dem das Flugzeug ruhen sollte. Das war noch keine Katapultanlage. Dafür sollte der Motor des Flugzeugs so stark sein, daß er es nach zwanzig Metern in die Luft brachte. Bei dem Versuch mit dem von Heinkel gebauten Flugzeug, einem kleinen Doppeldecker *HD 26* – die größere *HD 25* wurde erst später gebaut –, wurde die Maschine auf den Startwagen gesetzt und dessen Bremse festgestellt. Der Pilot gab Vollgas, der 300-PS-Motor von Hispano-Suiza brüllte auf, die Bremse wurde gelöst und wie der Pfeil vom Bogen sauste der kleine Vogel in die Luft. Der japanischen Vertretung wurde der Erfolg gemeldet. Kapitän Kaga sah sich die Vorführung der Anlage an und war restlos befriedigt. Er lud Heinkel nach Tokio ein. Dort sollte er sich die ganze Anlage nach ihrem Einbau auf der »Nagato« selbst ansehen. So reiste Heinkel nach Japan und lernte neben vielem anderen vor allem die Firma kennen, die im Laufe der Jahre noch viele *Heinkel-Flugzeuge* bauen sollte. Später schuf sie auch aus *Heinkel-Konstruktionen* Eigenes. Es war die Firma Aichi Denki Kabushiki Kaisha in Nagoya, die zumindest damals neben der Marinewerft Yokosuka Hauptlieferant der japanischen Marine war. Daneben liefen in der Luftfahrtindustrie viele Fäden von Deutschland nach Japan. Der frühere Konstrukteur von Zeppelin-Lindau, später Dornier, Dr. Richard Vogt, war Chefkonstrukteur bei Kawasaki, die den Dornier *Wal* in Lizenz baute. Mitsubishi stellte Rohrbach-Flugboote und Junkers-Bomber her. Die Zusammenarbeit zwischen Heinkel und Aichi endete erst nach dem deutschen Zusammenbruch im Zweiten Weltkrieg.

Im Juli 1926 erzielte Heinkel wieder einen jener Erfolge, die seinen guten Ruf mehrten und dadurch sein Werk weiter aufblühen ließen. Anlaß dazu gab der Deutsche Seeflugwettbewerb in Warnemünde, unmittelbar vor Heinkels Haustür. Den ersten Platz errang Wolfgang von Gronau auf einer *Heinkel HE 5a*, den zweiten ein Pilot mit einer *Junkers W 33* und den dritten Ingenieur Spies wiederum mit einem *Heinkelflugzeug*, dem Doppeldecker *HD 24*. Der letztere Typ sollte später durch die Flüge des ehemaligen Fliegers von Tsingtau, Gunter Plüschow, eine tragische Berühmtheit erlangen. Er und sein Begleiter Dreblow verunglückten mit der Maschine über Feuerland tödlich.

Im Laufe des Jahres 1928 brachte dann Heinkel sein erstes einsatzfähiges Flugzeugkatapult heraus. Das erste Modell mit der Bezeichnung *K 1* hatte noch nicht voll befriedigt. *K 2* schien den Anforderungen zu genügen. Zur Erprobung des *K 1* hatte das Flugboot *HD 15* gedient. Für das *K 2* entstand der Eindecker *HE 12*, der später in dem Eindecker *HE 58* (He 58) einen Nachfolger erhielt. *K 2* und *HE 12* sollten an Bord des Schnelldampfers »Bremen« des Norddeutschen Lloyd erprobt werden. Trotz einiger Intrigen des Generaldirektors GLÄSSEL von der Reederei, dem auf dieser Fahrt die Erringung des sogenannten Blauen Bandes für die schnellste Atlantiküberquerung wichtiger war als die Erprobung des Katapults, gelang der Versuch auf Anhieb. Die *HE 12* wurde bei Nantucket-Feuerschiff katapultiert und meldete die Wasserung in New York nach 55 Minuten Flugzeit. Das Schwesterschiff der »Bremen«, die »Europa«, erhielt später ebenfalls ein *K 2*, auf dem eine *He 58* stationiert wurde.

Die Lufthansa gab im Jahre 1936 das erste Großkatapult *K 6* in Auftrag. Von ihm sollten Flugzeuge von 14 Tonnen Fluggewicht gestartet werden. Im Dezember 1932 wurde es auf dem schwimmenden Flugstützpunkt »Westfalen« aufgebaut und dieser im Südatlantik stationiert. Die Erprobung mit Dornier *Wal*-Flugbooten verlief so erfolgreich, daß ab 1934 ein regelmäßiger Luftpostdienst über den Südatlantik eingerichtet werden konnte. Dazu stellte man vier schwimmende Flugstützpunkte mit *Heinkel-Katapulten* in Dienst. Kein anderes Land war zu diesem Zeitpunkt in der Lage, eine solche Strecke regelmäßig zu bewältigen. Hier allerdings war Team-work geleistet worden. Es beteiligten sich daran *Heinkel*, *Dornier* und die *Lufthansa*. HEINKEL stellte das Katapult, Dornier seinen *Wal*, später die *Do 18*, und die Lufthansa übernahm das übrige.

Das Geschäft mit der Sowjetunion begann 1930. Es bestand aus der Lieferung von Flugzeugkatapulten und den dazugehörigen Flugbooten. Trotz kleiner Schönheitsfehler nahmen die Russen alle zwanzig Boote des Typs *HD 55* ab. Sie flogen viele Jahre unter der Bezeichnung *KR-1*. Das katapultfähige Schwimmer-Aufklärungsflugzeug *HD 56*, das nach ihnen das *Heinkel-Werk* verließ, ging wieder nach Japan. Sein Nachfolger sollte das erste Ganzmetallflugzeug werden, das HEINKEL konstruiert hat. Über Erfahrungen im Metallflugzeugbau verfügte man damals bei HEINKEL noch nicht und mußte entsprechend teures Lehrgeld zahlen. So fiel das Amphibium *HE 57* viel zu schwer aus, und man war schließlich froh, es an die Deutsche Verkehrsfliegerschule auf Sylt absetzen zu können. Dann traten Walter und Siegfried GÜNTHER bei HEINKEL ein, und ein neuer Abschnitt in Heinkels Leben als Flugzeugbauer begann.

Heinkel HE 3   1922

Sport- und Schulflugzeug. Triebwerk: Siemens Sh 6 100 PS. Vorderes Cockpit zwei Sitze, hinteres ein Sitz. Freitragender Tiefdecker in Holzbauweise, Sperrholzbeplankung. Elektrische Startanlage. Tragflächenmontage konnte in 15 Sekunden durchgeführt werden. Auswechseln des Fahrwerks gegen Schwimmer war in 30 Sekunden möglich. Sieger im Seeflugzeugwettbewerb in Göteborg 1923. Erstes Flugzeug aus HEINKELS eigenem Werk.

Heinkel HE 4 1924

See-Aufklärungsflugzeug für Schweden. Zwischenlösung zwischen *S 1/S 2* und *HE 5*. Triebwerk: Rolls-Royce »Eagle« 360 PS. Halbfreitragender Tiefdecker in Gemischtbauweise, Sperrholzbeplankung. Besatzung 3 Mann, Bewaffnung 2 starre und ein schwenkbares MG. Bombenabwurfanlage. Nur Versuch, ersetzt durch *HE 5*.

Heinkel HE 5 1925

Hochseefähiges, dreisitziges See-Aufklärungsflugzeug, Tiefdecker, halbfreitragend, Gemischtbauweise: Stahlrohrrumpf mit Leinwandbespannung, Flächen Holzkonstruktion mit Holznase, sonst stoffbespannt. Schwimmer Holz mit Aluminiumboden, Schwimmergestell Stahlrohr. Triebwerke: *HE 5a* = Napier Lion 450 PS, *HE 5b* = Siemens Jupiter 420 PS, für Schweden Bristol Jupiter 420 PS, *HE 5e* = BMW VI 7,3 Z 750 PS. Sieger im Deutschen Seeflugwettbewerb 1926. Ausgestellt auf dem Pariser Aero-Salon 1928. Nachbau in Schweden.

Heinkel HE 6 1926

Hochseefähiges Langstreckenflugzeug. Versuch für Transatlantikflug. Triebwerk BMW VI 500/750 PS oder Packard 3A 2500 800 PS. Besatzung: Pilot, Bordwart, Bordfunker. Bauart ähnlich *HE 5*. Die Maschine flog im Herbst 1927 von Warnemünde nach Horta/Azoren.

Heinkel HE 7 1927

Zweimotoriges Torpedoflugzeug, nur Versuch, keine Serie. Triebwerk: zwei Siemens Jupiter je 450 PS. Besatzung 3 Mann. Halbfreitragender Tiefdecker in Gemischtbauweise, ähnlich *HE 5*. Leistungen unbefriedigend.

Heinkel HE 8 1927

Abgeleitet aus *HE 5b,* in gleicher Bauart. Triebwerk Armstrong-Diddeley »Jaguar« 450 PS. Besatzung 2 Mann. Aufklärer- und Patrouillenflugzeug. 22 Stück an Dänemark geliefert, 13 davon noch 1940 in Dienst. 1932 flogen drei *HE 8* nach Nordostgrönland und führten dort eine Expedition bei Temperaturen bis minus 40 Grad. Jedes der drei Flugzeuge hatte eine reine Flugzeit von etwa 200 Stunden und eine Strecke von etwa 33000 km bei einer durchschnittlichen

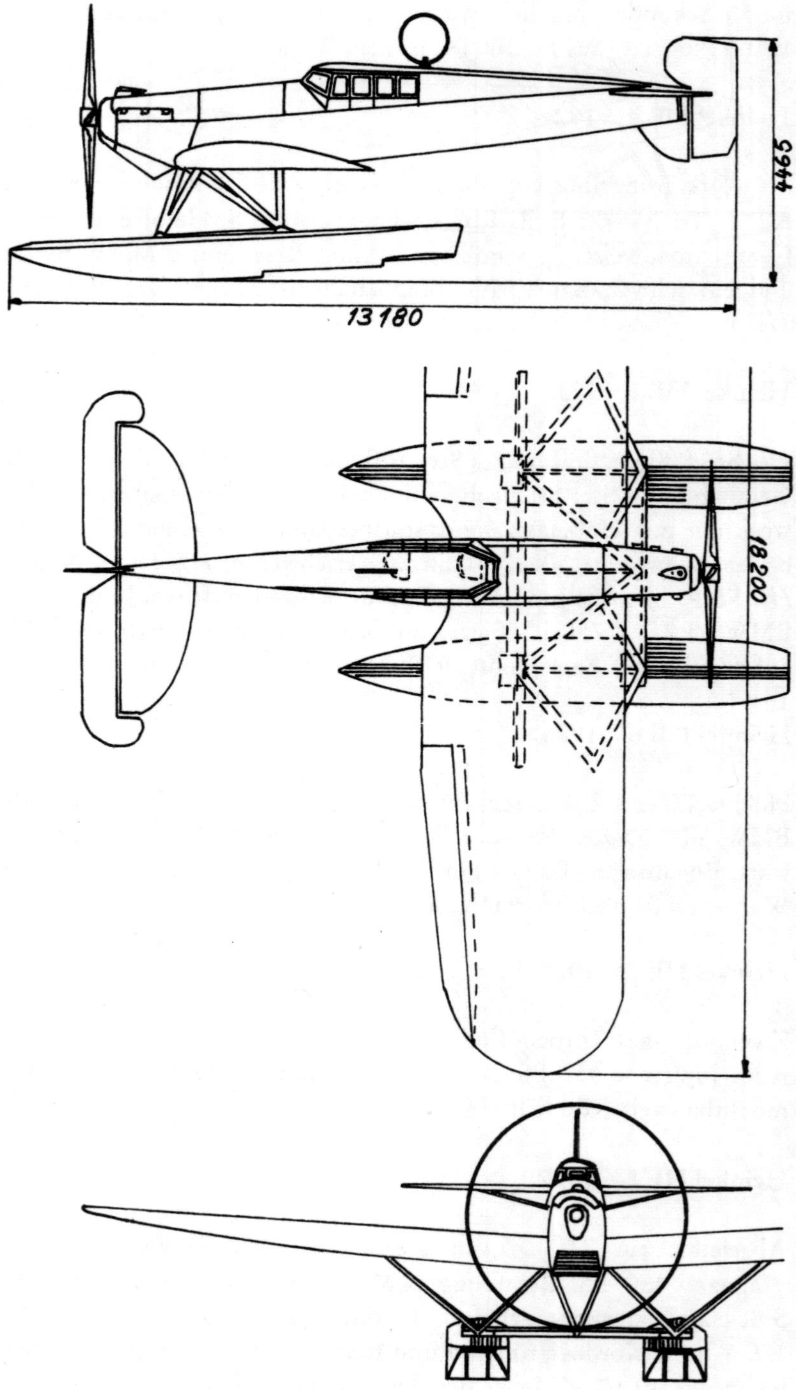

Heinkel HE 6

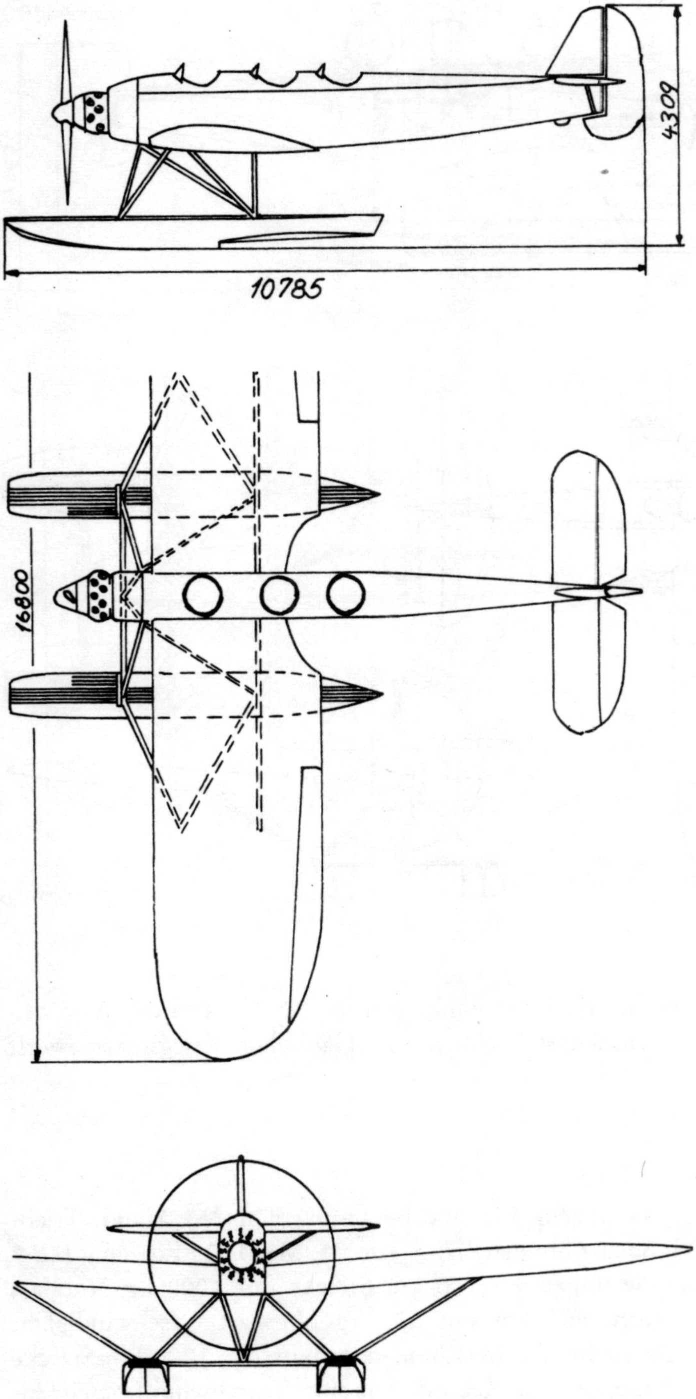

Heinkel HE 8

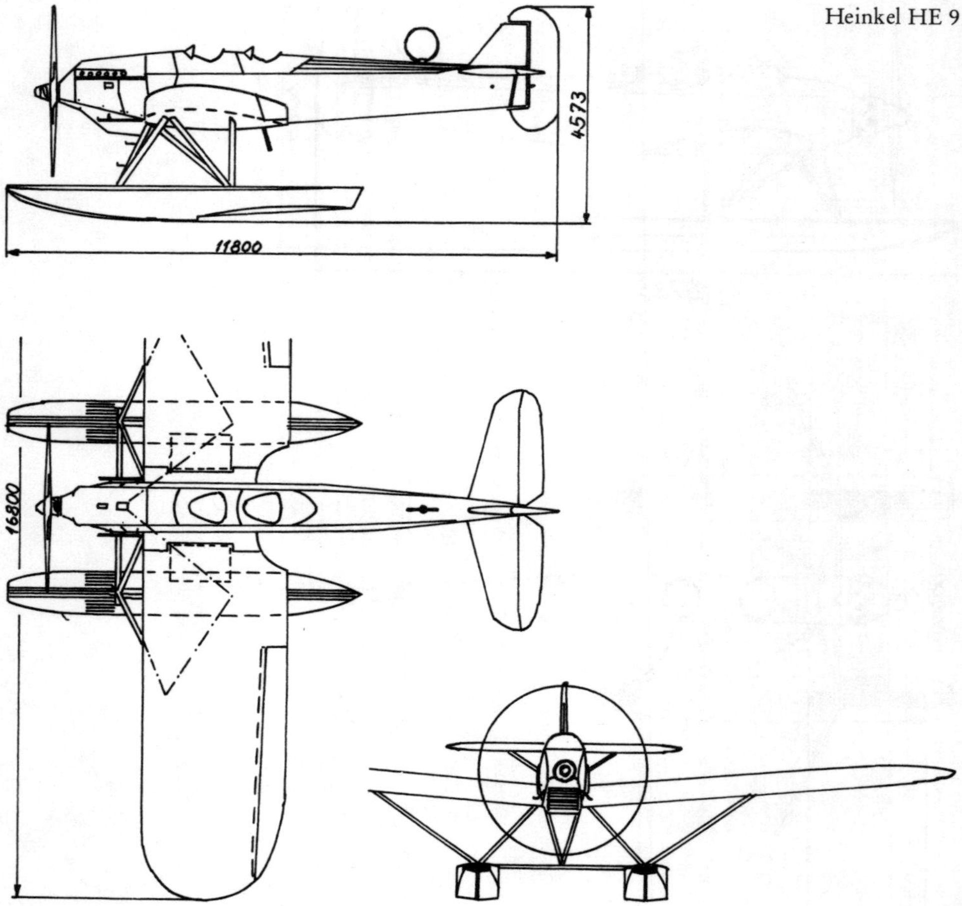

Flughöhe von 4000 m. Als nördlichster Punkt wurden 82° 31′ erreicht. Von den 22 dänischen Maschinen wurden sechzehn in der Dänischen Kriegsmarinewerft gebaut.

Heinkel HE 9 1928

Hochseefähiges Aufklärungsflugzeug für eine Besatzung von 2–3 Mann. Triebwerk: BMW VIa 660 PS. Bauart ähnlich *HE 5*. Am 21. Mai 1929 flog eine *HE 9* folgende Weltrekorde für Seeflugzeuge: 100 km Strecke mit 1000 kg Nutzlast Geschwindigkeit 228,8 km/h, 500 km mit 500 kg Nutzlast Geschwindigkeit 230 km/h. Am 10.6.1929 stellte die Maschine dann auf der 1000-km-Strecke mit 0, 500 und 1000 kg Nutzlast neue Rekorde mit einer Durchschnittsgeschwindigkeit von 219, 2 km/h auf. Eine Maschine ging nach der Sowjetunion, die

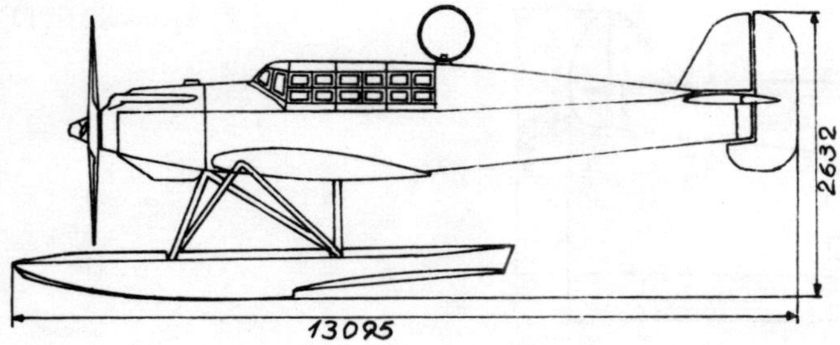

Heinkel HE 10

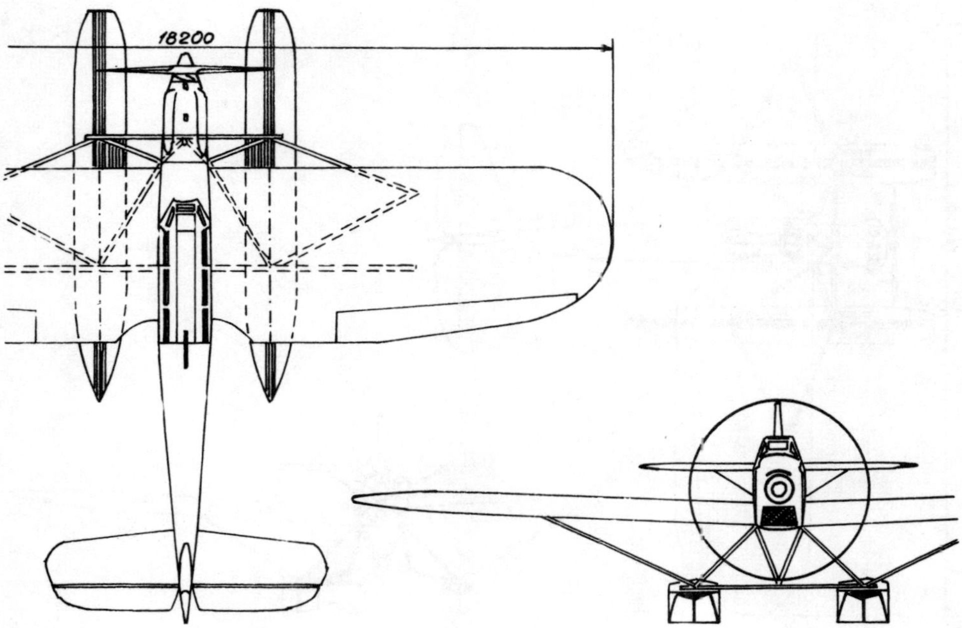

restlichen, höchstens ein halbes Dutzend, an die Deutsche Verkehrsfliegerschule (vormilitärische Ausbildung).

Heinkel HE 10 1928

Weiterentwicklung der *HE 6* ebenfalls für Transatlantikflugversuch. Versuch wurde aber nicht mehr durchgeführt. Bauart sehr ähnlich *HE 6*, Triebwerk: BMW VI 660 PS. Keine weiteren Einzelheiten bekannt.

Heinkel HE 12 1927/28

Katapultfähiges Postflugzeug für Schnelldampfer »Bremen«. Abgeleitet aus *HE 9*. Besatzung 2 Mann. Triebwerk: Pratt & Whitney »Hornet« 500 PS. Erster Postflug Bremen–New York 22. Juli 1928.

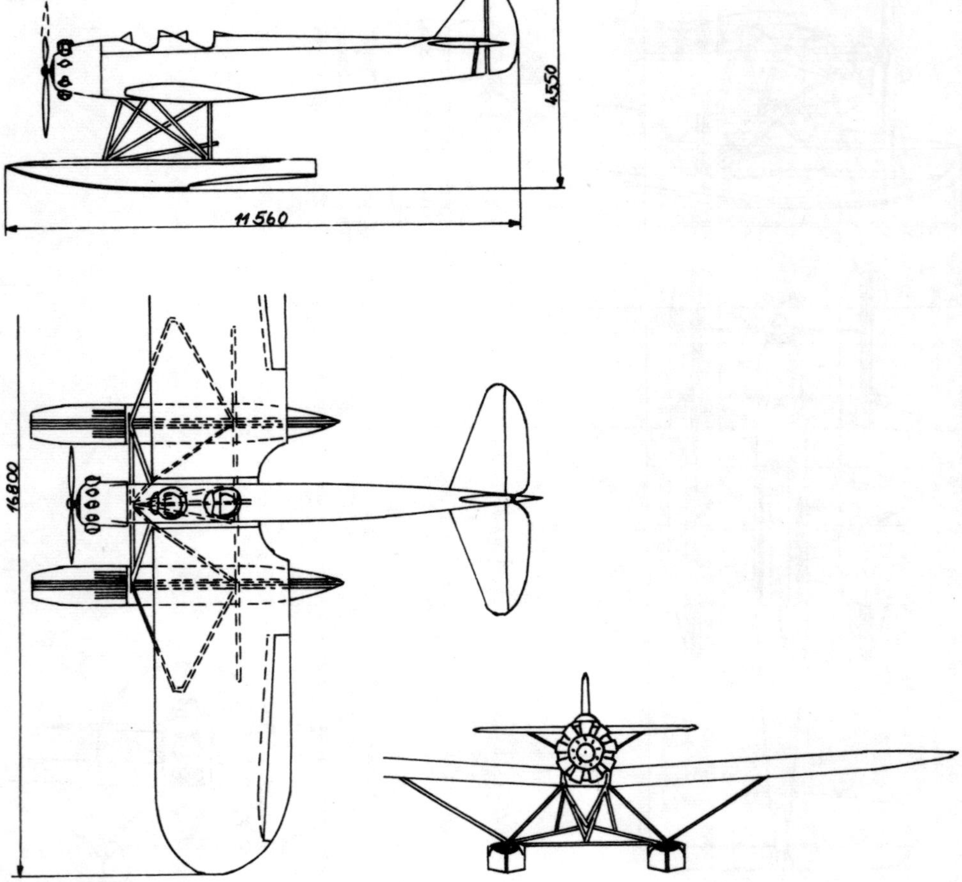

Heinkel HE 12

Heinkel HD 14 1925

Torpedoflugzeug, Besatzung 3 Mann, Triebwerk: 1 Fiat 600 PS. Unverspannter Doppeldecker in Gemischtbauweise. Da Triebwerk für Flugzeug dieser Größenklasse zu schwach, völlig unbefriedigende Leistungen. Nur eine Maschine, wurde abgewrackt.

Heinkel HD 15 1927

Katapultfähiges dreisitziges Aufklärungsflugboot, geplant als Bordflugzeug für Kriegsschiffe. Erprobung auf Katapult K 1. Hölzerner Bootskörper mit Aluminiumboden. Tragflächen Holzkonstruktion mit Leinwandbespannung. Stark gestaffelte Tragflächen. Ungünstige Triebwerksaufhängung, da Flugzeugführer im Propellerstrahl. Nur Versuch.

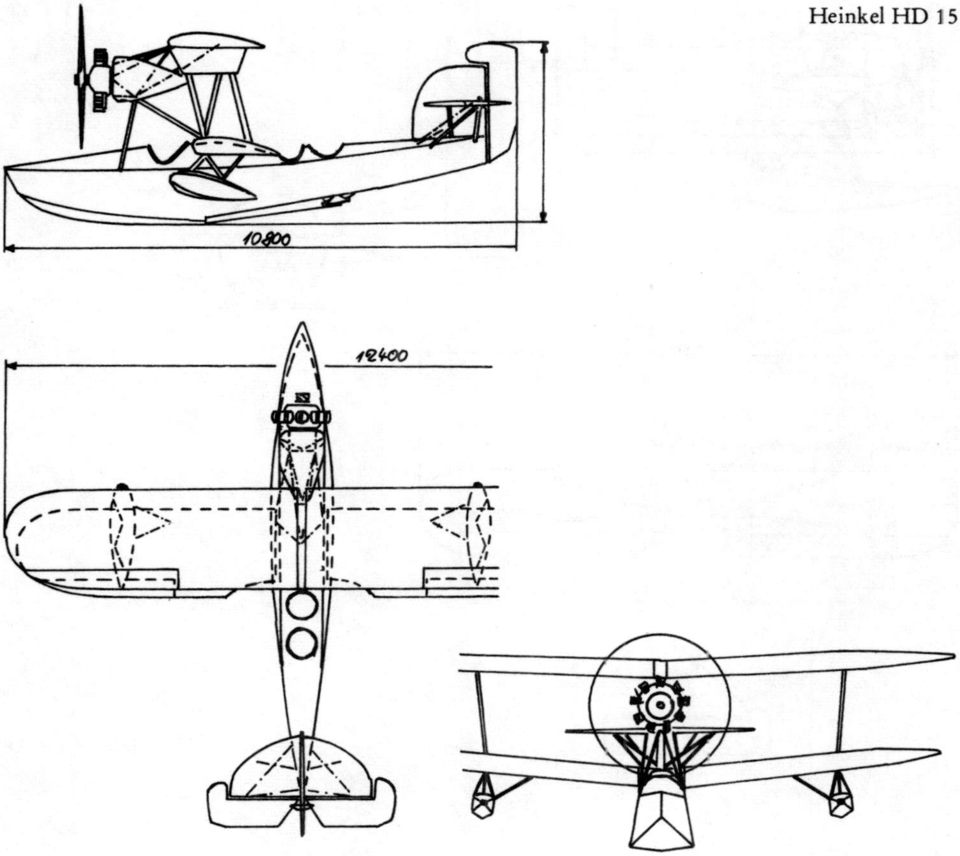

Heinkel HD 15

Heinkel HD 16   1928

Für Schweden entwickelte HEINKEL ein Torpedoflugzeug, das sowohl mit Radfahrgestell als auch Schwimmern verwendet werden konnte. Der Umbau von Land- und Seeflugzeug konnte binnen weniger Minuten vorgenommen werden. Die Besatzung bestand aus drei Mann, die Maschine konnte aber auch zweisitzig geflogen werden. So geschah es auf dem Überführungsflug nach Schweden. Da die Maschine in Warnemünde ohne Bewaffnung gebaut werden mußte, war der Sitz des MG-Schützen abgedeckt. Die Maschine war mit einem Armstrong-Siddeley »Leopard« von 675 PS ausgerüstet. Die Erfahrungen, die mit dieser Maschine gewonnen wurden, waren später bei der Entwicklung der *HE 59* und *HE 115* sehr nützlich.

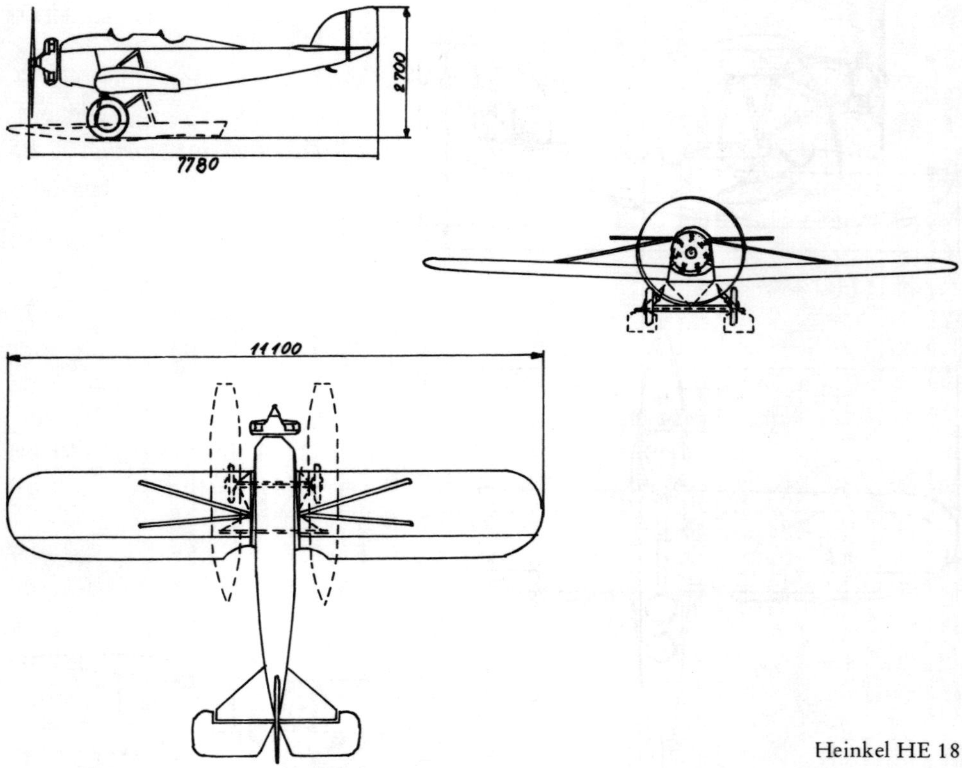

Heinkel HE 18

Heinkel HD 17   1926

Mit diesem Flugzeug, das als Aufklärer und leichter Bomber verwendet werden konnte, lieferte Heinkel das erste Arbeitsflugzeug für die geheime deutsche Fliegertruppe in Lipezk. Von diesem Flugzeug wurden zwei Versionen entwickelt, eine als unverspannter Doppeldecker mit zwei Parallelstielen und eine zweite mit I-Stielen. Dementsprechend wurden die beiden Versionen als *HD 17/II* und *HD 17/I* bezeichnet. *HD 17/II* wurde mit Napier »Lion« 450 PS geliefert. Insgesamt wurden zwanzig Maschinen dieses Typs nach Lipezk geschickt, aus denen zwei Staffeln zur Schulung der Bomben- und Aufklärungsflieger aufgebaut wurden. Von der *HD 17/I* wurde in Deutschland nur eine Maschine gebaut. Irgendwie hatten die Amerikaner von der Erprobung der *HD 17* Wind bekommen und waren am Nachbau dieser Maschine interessiert. Die Firma *Cox-Klemin Aircraft Corporation* erwarb die Nachbaurechte und baute für den *United States Air Service*, dem Vorgänger der späteren *US-Air Force,* zwei Versionen der *HD 17/I,* eine mit Napier »Lion« als *CK-CO-1,* die andere mit Liberty 420 PS als *CO-2.*

Heinkel HE 18 1924

Dieses zweisitzige Sportflugzeug ist eine direkte Weiterentwicklung der *HE 3*. Umbau vom Räder- zum Schwimmerflugzeug war, wie bei dem Vorgänger, binnen weniger Minuten möglich. Die Maschine wurde wahlweise mit einem 100 PS Mercedes, meist aber mit 75/80 PS Siemens SH 5 ausgeliefert. Es wurden einige Maschinen an Mitglieder des Deutschen Aero-Clubs geliefert.

Heinkel HD 19 1927

Die *HD 19* ist für die Marine das gewesen, was die *HD 17* für die Fliegertruppe war: ein Flugzeug zur Ausbildung der zukünftigen Marineflieger. Von der Schwimmerausführung ist zumindest eine Maschine nach Schweden geliefert, der Nachbau bei *Svenska Aero AB* ist wahrscheinlich. Die Maschine selbst ist der bei Heinkel übliche freitragende einstielige Doppeldecker in Gemischtbauweise, ausgerüstet mit einem Siemens »Jupiter« von 410 PS. Die schwedischen Maschinen hatten den Original Bristol »Jupiter« von 450 PS. (Anmerkung: der »Jupiter« war eine hervorragende Konstruktion der *Bristol Engine Works*. Die französische Firma *Gnôme-Rhône* erwarb alle Nachbaurechte, so daß Siemens die Nachbaurechte für den »Jupiter« von den Franzosen kaufen mußte. Der deutsche Jupiter hat die Leistungen des Originals nie erreicht, ähnlich wie Jahre später der BMW 132 die Leistungen des Originals Pratt & Whitney »Hornet S1EG nie erreicht hat.) Dies erforderte bei der Schweden-Ausführung ein vergrößertes Leitwerk, während bei der deutschen Version ohne weiteres das Radfahrgestell gegen Schwimmer ausgetauscht werden konnte. Die Ausbildung der getarnten Marineflieger erfolgte hauptsächlich in Kiel-Holtenau und in List auf Sylt.

Heinkel HD 20 1926

Mitte 1926 wurde in Berlin-Tempelhof ein eigenartiges Flugzeug vorgeführt, das nach den Presse-Verlautbarungen als Photo-Flugzeug für die Hansa-Luftbild GmbH bestimmt war. Es handelte sich um einen unverspannten, einstieligen *Anderthalbdecker* mit V-Stielen, ausgerüstet mit 200 PS Wright »Whirlwind«-Motoren. Neu war an der Maschine das geteilte Fahrwerk, das erstmals bei der *HD 16* erprobt worden war. Ganz so friedlich wie der angekündigte Verwendungszweck kann die *HD 20* aber nicht gewesen sein. Sie wurde bei der DVL in Adlershof geflogen. *Polikarpow* brachte ein Jahr später, 1927, seinen Bomber *TB-2* heraus, der die unverkennbaren Konstruktionsmerkmale der *HD 20* trug.

Heinkel HD 21 1924

Dieser leichte Doppeldecker mit 100 PS Mercedes-Motor ist der erste einer ganzen Reihe von Doppeldecker-Schul- und Übungsflugzeugen, die Heinkel von 1924

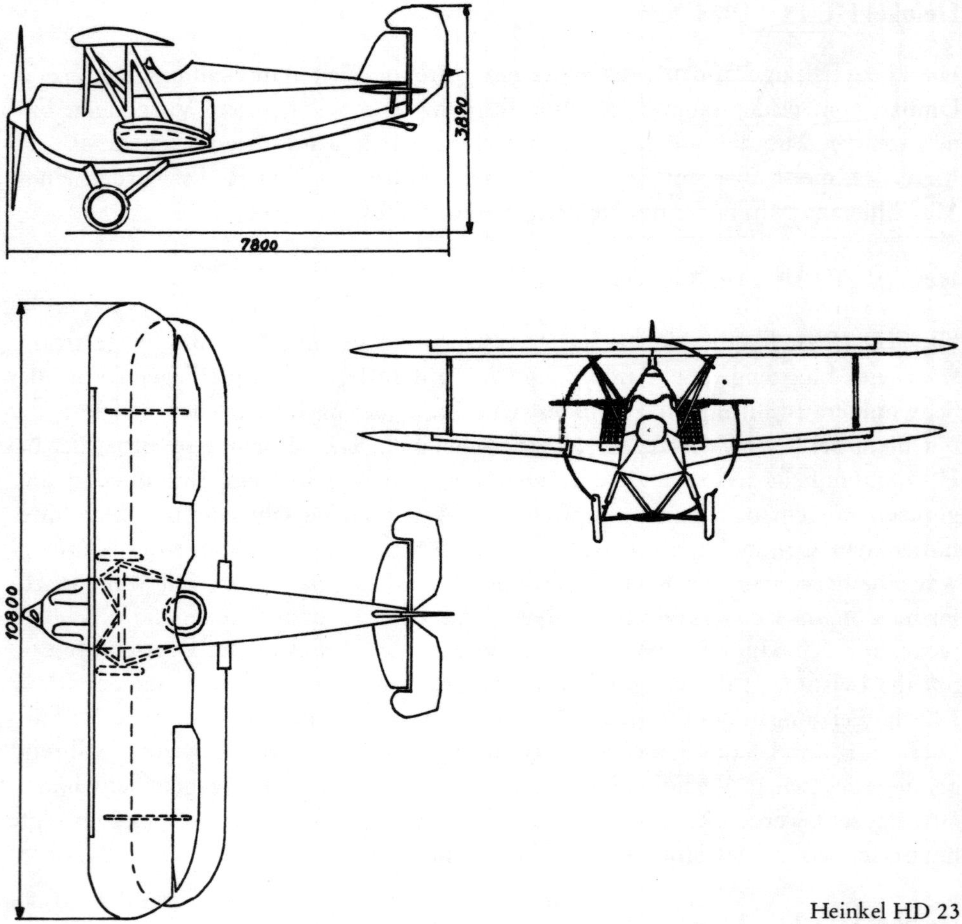

Heinkel HD 23

bis 1926 entwickelt hat. Es handelt sich um *HD 21, 29, 32* und *35*. Es sind typische Heinkel-Konstruktionen in Gemischtbauweise mit gutmütigen Flugeigenschaften und in robuster Bauweise, also hervorragend für den Schulbetrieb geeignet. Von der *HD 21* wurden einige Maschinen für Fliegerschulen und Privatflieger gebaut.

Heinkel HD 22 1926

Dieser zweisitzige Doppeldecker war als Übungsflugzeug für fortgeschrittene Flugschüler vorgesehen und wurde für verschiedene Fliegerschulen geliefert. Stahlrohrrumpf mit Leinwandbespannung, Leitwerk desgleichen. Flächen Holz, Nase beplankt, sonst stoffbespannt. Triebwerk: BMW IV 230 PS. Eine Maschine als Reiseflugzeug des US-amerikanischen Luftfahrt-Attachés geliefert.

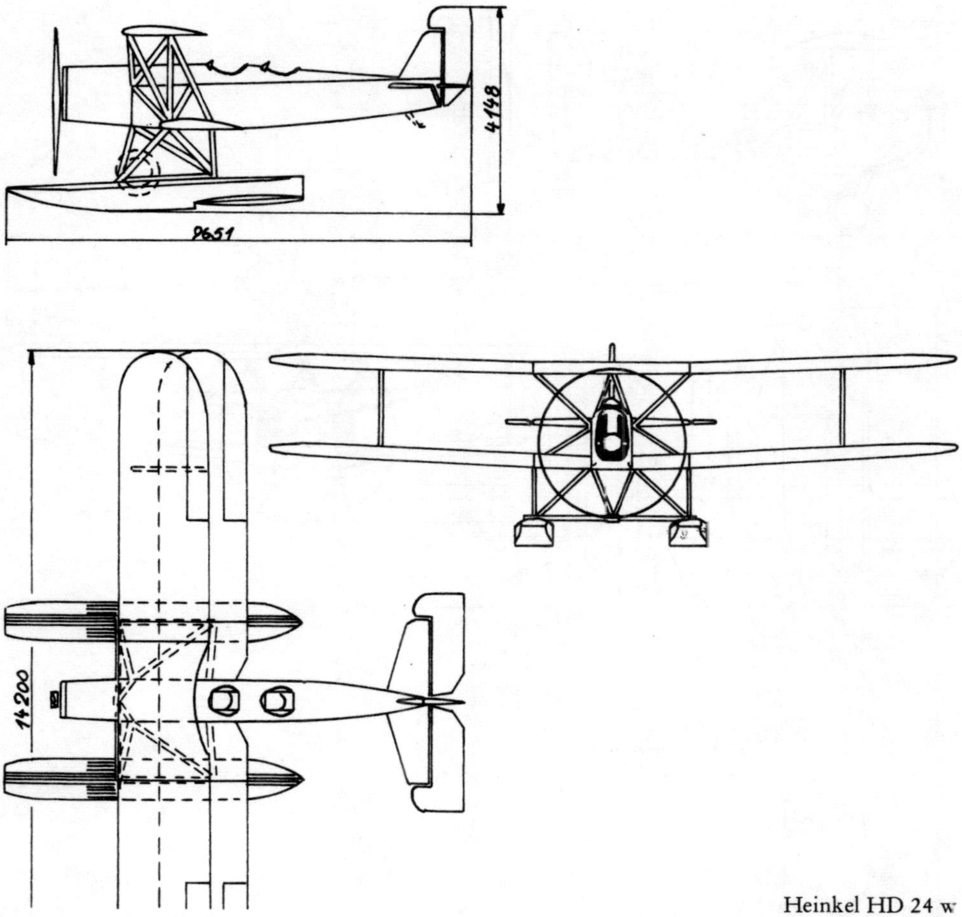

Heinkel HD 24 w

Heinkel HD 23 1926

Dieser Jagdeinsitzer ist der erste Versuch ein Landflugzeug zu bauen, das in der Lage war, von einer Startbahn von 10 m Länge bei 20 Seemeilen Gegenwind ohne Katapult zu starten. Da es sich um ein Marineflugzeug handelte, mußte auch für den Fall einer Notwasserung vorgesorgt werden. Aus diesem Grunde war das Fahrwerk abwerfbar und der Rumpf, der holzverkleidet war, längere Zeit schwimmfähig. Die Maschine, die erst nach *HD 25* und *HD 26* fertiggestellt wurde, da die Vorversuche längere Zeit in Anspruch nahmen, erfüllte alle von der japanischen Marine gestellten Bedingungen und wurde zwecks Nachbau an Aichi geliefert. In Japan wurde die *HD 23* als Aichi Versuchsjäger für Flugzeugträger Type H bezeichnet.

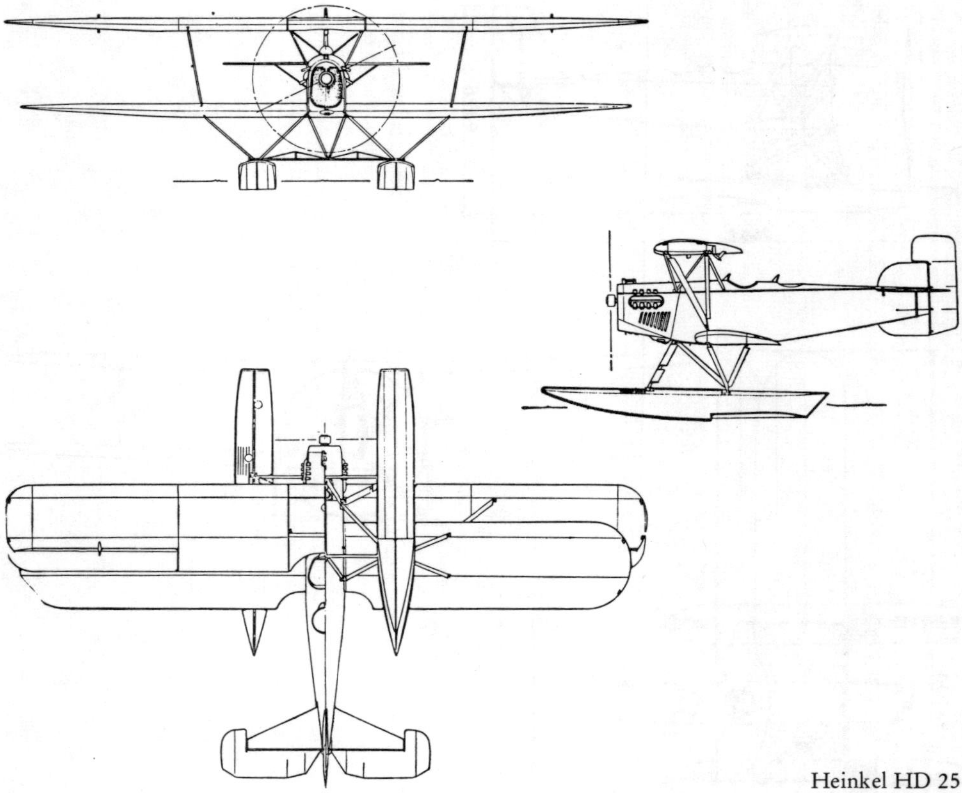

Heinkel HD 25

Heinkel HD 24 1926

Die *HD 24* ist besonders durch das Flugzeug D 1313 »Tsingtau« bekannt geworden. Gunter PLÜSCHOW, bekannt unter dem Namen »Flieger von Tsingtau«, führte mit dieser Maschine viele Flüge über der Südspitze Südamerikas zusammen mit seinem Begleiter Ernst DREBLOW aus, bis beide tödlich verunglückten. Die bei diesen Flügen gemachten Filmaufnahmen erregten damals in Europa erhebliches Aufsehen. Die *HD 24* ähnelt weitgehend der *HD 22*, unterscheidet sich aber vor allem von dieser durch die schnelle Austauschbarkeit von Fahr- gegen Schwimmwerk. Einige Maschinen wurden an die Deutsche Verkehrsfliegerschule geliefert.

Heinkel HD 25 1925

Für die von der japanischen Marine bestellte Bordstartanlage für das Schlachtschiff »Nagato« konstruierte HEINKEL zwei Spezialflugzeuge, von denen die *HD 25* die zweisitzige war. Außer dem Leitwerk (Stahlrohr mit Leinwandbespannung, war die Maschine eine Holzkonstruktion. Die Schwimmer konnten binnen kürzester Frist an- und abgebaut werden. Triebwerk war ein Napier »Lion« von 450 PS. Die Maschine wurde zwecks Nachbau an *Aichi* geliefert. In Japan lief die Fertigung unter der Bezeichnung *Marine Typ 2*, 2sitzig.

Heinkel HD 26 1925

Für den gleichen Zweck wie die *HD 25* entwickelte Heinkel die einsitzige *HD 26*, deren Nachbau in Japan unter der Bezeichnung Aichi Marine Typ 2, einsitzig erfolgte. Bauweise ist bei beiden Baumustern die gleiche. Als Triebwerk diente bei der *HD 26* ein Hispano-Suiza von 300 PS.

Heinkel HD 27 1925

In amerikanischem Auftrag entwickelte Heinkel 1925 ein Post- und Frachtflugzeug, das, wie in USA üblich, einsitzig geflogen wurde. Die Maschine wurde in der üblichen Gemischtbauweise hergestellt und war mit einem Liberty-Motor von 400 PS ausgerüstet. Die Maschine ist einige Jahre in USA im Postflugdienst eingesetzt gewesen.

Heinkel HD 28 1927

Als dreisitzigen See-Aufklärer baute Heinkel für die japanische Marine die *HD 28*, von der nur ein Exemplar gebaut und an Aichi geliefert wurde. Während der Erprobung wurde die Maschine als *HD 28* (Versuchsflugzeug) bezeichnet. Wenn auch kein Serienbau erfolgte, so ist die Maschine doch Vorbild für mehrere japanische Seeflugzeug-Entwürfe gewesen. Die Schwimmer aus rostfreiem Stahl konnten gegen ein Fahrwerk ausgewechselt werden. Ansonsten war die Konstruktion in der bei Heinkel gewohnten Gemischtbauweise hergestellt.

Heinkel HD 29 1925

Als Weiterentwicklung der *HD 21* entstand 1925 die *HD 29*. Im allgemeinen Aufbau und der Konstruktion sind sich die beiden Typen sehr ähnlich. Auch die *HD 29* konnte als Schul- und Sportflugzeug verwendet werden. Das Triebwerk bestand aus einem Mercedes D 1 von 100 PS.

Heinkel HD 30 1928

Zu Tarnungszwecken wurde diese Maschine bei ihrem Erscheinen als Seeflugzeug für Krankentransport vorgestellt, in Wahrheit handelte es sich jedoch um ein See-Aufklärungsflugzeug für die deutschen Marineflieger. Die Konstruktion ist in

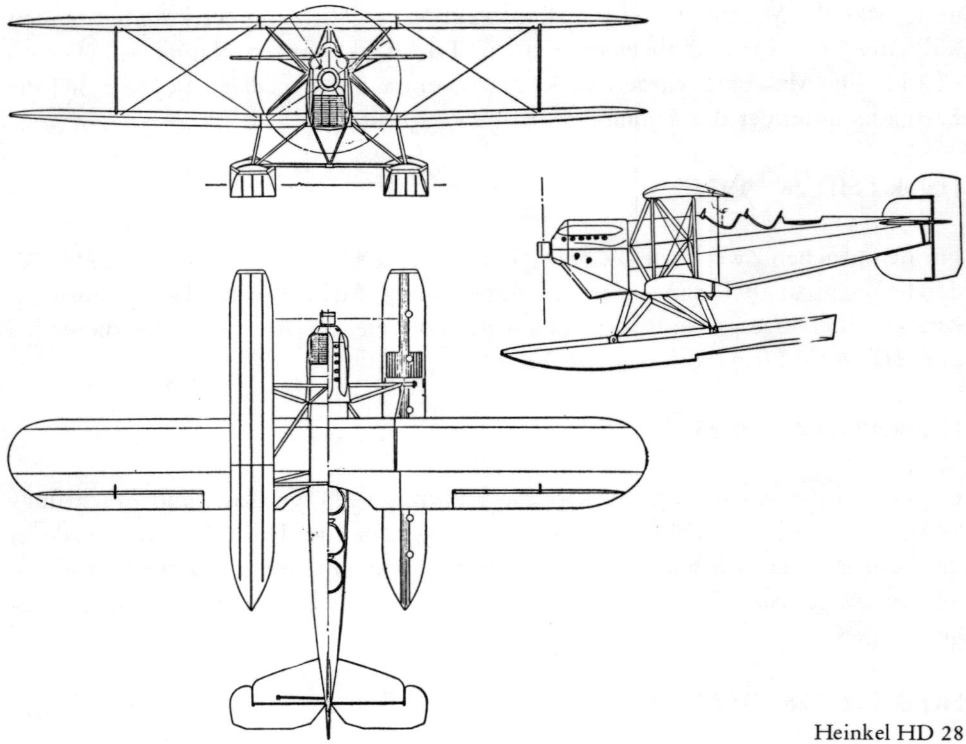

Heinkel HD 28

der üblichen Gemischtbauweise hergestellt. Eine Neuerung stellt aber der Überzug der Holzschwimmer dar. HEINKEL wandte hier zum ersten Mal als Überzug das gerade neu herausgekommene Hydronalium an. Triebwerk der Maschine war ein Gnôme-Rhône VIu Jupiter von 450 PS.

Heinkel HE 31 1928

Dieser Hochsee-Tiefdecker für See-Aufklärung und Überwachung kann als letztes Glied der Entwicklungsreihe, die mit der *Hansa-Brandenburg W 29* begann, angesehen werden. Die Konstruktion ist in der bei HEINKEL üblichen Gemischtbauweise ausgeführt. Als Triebwerk diente ein Packard 3A 2500 von 800 PS. Soweit bekannt, wurde nur ein Exemplar gebaut und an die Deutsche Verkehrsfliegerschule geliefert.

Heinkel HD 32 1925

Der Schuldoppeldecker *HD 32* wurde aus seinem Vorgänger *HD 29* entwickelt und diente wie dieser zur Anfangsschulung. Die Konstruktion entspricht ebenfalls

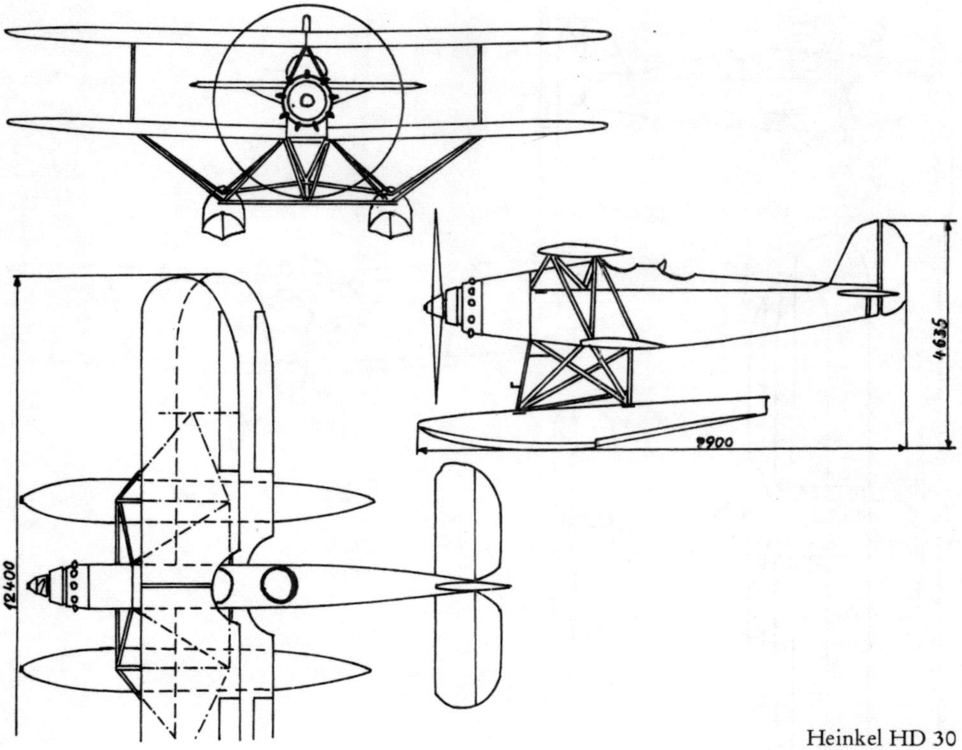

Heinkel HD 30

weitgehend der *HD 29.* Als Triebwerk wurde der Siemens SH 12 von 100 PS verwendet. Eine kleine Serie wurde für verschiedene Fliegerschulen geliefert.

Heinkel HD 33 1925

Dieser Aufklärer kann als Weiterentwicklung der *HD 17* angesprochen werden. Es wurden ein oder zwei Versuchsmaschinen gebaut, die in Lipezk erprobt wurden, entsprach aber nicht den Erwartungen der militärischen Dienststellen. Die in Gemischtbauweise hergestellte Zelle wurde mit dem BMW VI von 500/660 PS ausgerüstet. Der Einbau von einem starren und einem beweglichen MG sowie Bombengehänge für 10-kg-Bomben war vorgesehen, wurde aber nicht durchgeführt.

Heinkel HD 34 1928

Der Entwurf eines leichten, schnellen Bombenflugzeugs für die Reichswehr-Fliegertruppe entsprach in der Konzeption den GL-Flugzeugen der Gothaer Waggon-Fabrik 1917/18. Da sich bei der Erprobung herausstellte, daß die Leistungen, ins-

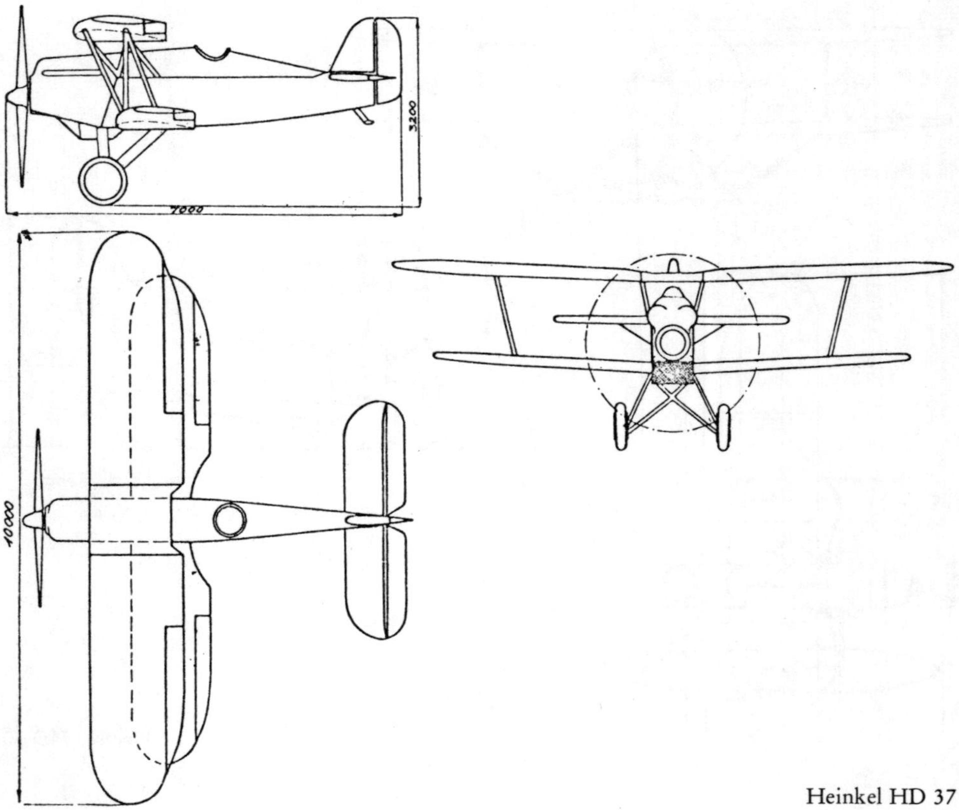

Heinkel HD 37

besondere die Reichweite bei voller Bombenlast (1000 kg) absolut unbefriedigend waren, verfiel das Baumuster der Ablehnung. Der ebenfalls in Gemischtbauweise hergestellte Doppeldecker verfügte über ein Triebwerk von zwei BMW VI 7,3 Z von je 500/750 PS. Als Abwehrbewaffnung waren zwei MG vorgesehen.

Heinkel HD 35 1926

Bei diesem Flugzeug für die Anfangsschulung wählte Heinkel eine dreisitzige Ausführung (1 Lehrer, 2 Schüler). Der in der bekannten Gemischtbauweise hergestellte Doppeldecker war mit einem Mercedes D II von 120 PS ausgerüstet und wurde an verschiedene Fliegerschulen geliefert.

Heinkel HD 36 1927

Als letztes Glied der Entwicklungsreihe von Schulflugzeugen, die mit der *HD 21* begann, brachte Heinkel 1927 die *HD 36* heraus. Im Gegensatz zur *HD 35* war die *HD 36* nur zweisitzig. Konstruktion den Vorgängern sehr ähnlich. Triebwerk war der 160 PS Mercedes D III.

Heinkel HD 37 1928

Nach den Begriffsbestimmungen der Siegermächte war Deutschland in jedem Jahr der Bau eines einzelnen, unbewaffneten Hochleistungseinsitzers gestattet. Außer HEINKEL wurde auch die Firma *Arado* zur Entwicklung solcher Flugzeuge, die als Prototypen einer zukünftigen Jagdflugzeugentwicklung vorgesehen waren, beauftragt. Als erstes Flugzeug dieser Reihe brachte HEINKEL die *HD 37* 1928 heraus, die bei ihrem Erscheinen beträchtliches Aufsehen erregte. Von der *HD 37* führt eine gerade Linie über *HD 38, 43, 49* zum ersten Jagdeinsitzer der Luftwaffe, der *HE 51*. Die *HD 37* war zu ihrer Zeit allen anderen deutschen Konstruktionen an Geschwindigkeit und Steigfähigkeit weit überlegen und war mit einer Höchstgeschwindigkeit von 312 km/h und einer Steigfähigkeit von acht Minuten auf 5000 m Höhe vielen ausländischen Konstruktionen gleichwertig, wenn nicht überlegen. Als Triebwerk diente der BMW VI 7,3 Z von 500/750 PS.

Heinkel HD 38 1929

Wenn auch die *HD 38* aus der *HD 37* entwickelt wurde, so basiert der Entwurf doch auf anderen Überlegungen. Die *HD 38* wurde nämlich weitgehend gemäß den Wünschen der Reichsmarine konzipiert. Es wurden von diesem Typ insgesamt vier verschiedene Musterflugzeuge gebaut, deren hauptsächlichstes Merkmal die Verschiedenheit des Fahr- bzw. Schwimmwerks war. Bei *HD 38a* waren Fahr- und Schwimmwerk austauschbar. Version *b* hatte nur Fahrwerk, Version *c* war wieder austauschbar und *d* hatte ein aerodynamisch günstig verkleidetes Fahrwerk. Die verstärkte Rumpfbodenausführung, die durch diese Anordnung bedingt war, ergab ein höheres Leergewicht, wodurch die Leistungen der *HD 38* etwas niedriger lagen als die der *HD 37*, trotzdem beide Typen dasselbe Triebwerk, den BMW VI 7,3 Z hatten. Trotzdem waren die militärischen Dienststellen von den Leistungen befriedigt, so daß gegebenenfalls eine Serienproduktion stattgefunden hätte. Bezeichnend ist, daß diese zukünftigen Jagdflugzeuge alle noch die Merkmale der letzten Jagdeinsitzer von 1917/18 trugen.

Heinkel HD 39 1926

Im Wettbewerb mit der Firma *Albatros* entwickelte Heinkel ein Zeitungstransport- und Abwurfflugzeug, dessen Aufgabe darin bestand, die Zeitungen des Ullstein-Verlages auf dem schnellsten Wege in den Handel zu bringen. Für den Abwurf während des Überfliegens des Zielortes im Tiefflug wurde dafür eine besondere Vorrichtung entwickelt, die sich gut bewährte. Die Maschine hatte eine Besatzung von zwei Mann und besaß als Triebwerk den BMW IV von 230 PS.

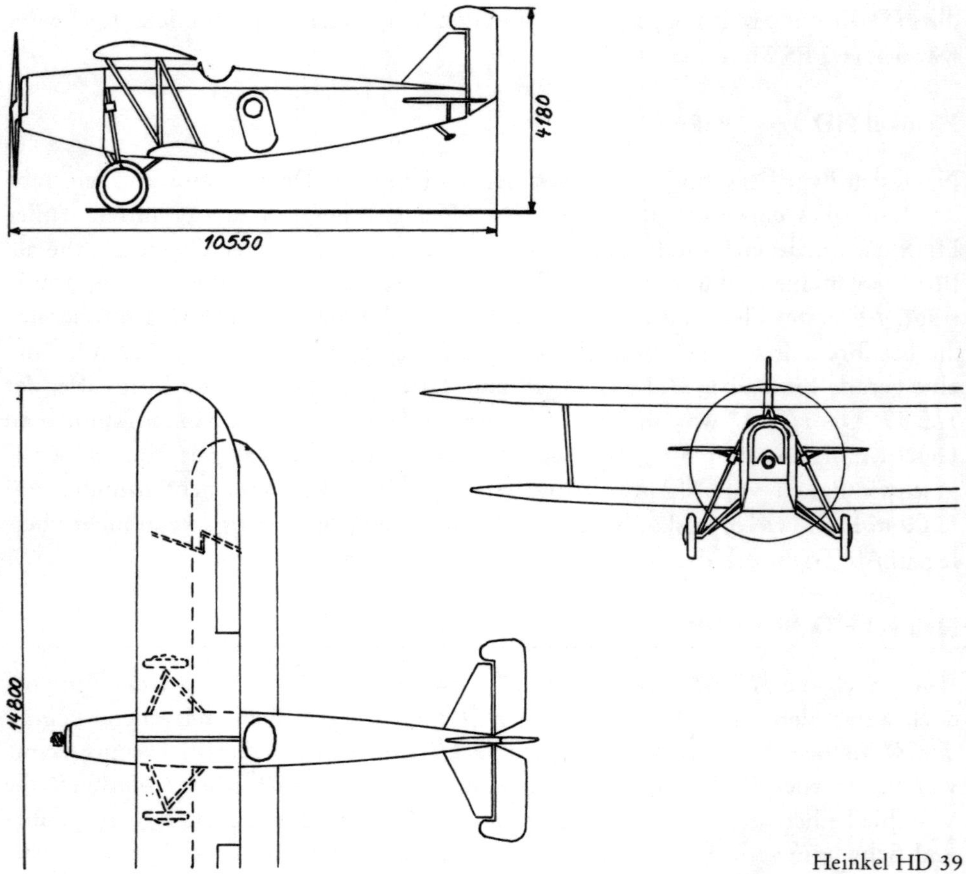

Heinkel HD 39

Heinkel HD 40 1927

Da sich gezeigt hatte, daß die Leistungen der *HD 39* zwar gut, die Nutzlast aber unzureichend war, entwickelte Heinkel ein Jahr später die etwas größere *HD 40*, die eine fast doppelt so große Nutzlast tragen konnte. Die Leistungen unterschieden sich nur geringfügig. Als Triebwerk kam der BMW VI von 460/600 PS zum Einbau. Von diesem Typ wurden drei Maschinen gebaut, während von der *HD 39* nur eine Einzelmaschine gebaut worden war.

Heinkel HD 41 1928/29

Dieses Flugzeug wurde bei seinem Erscheinen als Triebwerks-Erprobungsträger angekündigt, zumal zwei verschiedene Motoren, der Siemens Jupiter VI von 450 PS, später aber der BMW VI von 460/600 PS zum Einbau kam. Tatsächlich

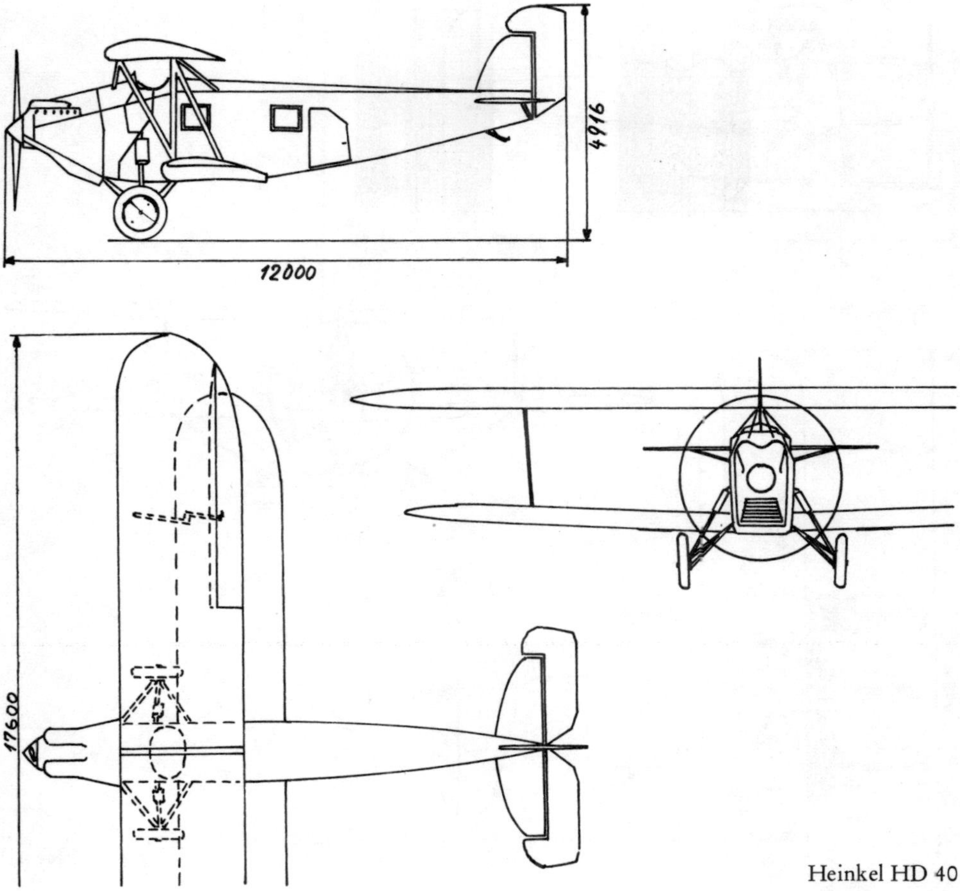

Heinkel HD 40

war die *HD 41* der Vorläufer des ersten von der Luftwaffe eingeführten Aufklärungsflugzeugs *He 45*. Während die *HD 41 a* mit Jupiter hiervon noch nichts erkennen läßt, zeigt die mit BMW VI ausgerüstete *HD 41 b* bereits die Linien der *He 45*. Die Maschine wurde in Lipezk einer intensiven Erprobung unterzogen, auf Grund deren dann die Weiterentwicklung zur *He 45* durchgeführt wurde.

Heinkel HD 42 1931

Die *HD 42*, später *He 42* ist eine direkte Weiterentwicklung der *HD 24 W* und wurde nach erfolgreicher Erprobung des Musterflugzeugs *HD 42 a* in einer Serie von 32 Maschinen für die Seefliegerausbildung bei der Deutschen Verkehrsfliegerschule als *He 42 A* gebaut. Während das Musterflugzeug ursprünglich den BMW IV hatte, gelangte später der Junkers L 5 von 300 PS zum Einbau. Später wurde eine Serie von zehn Maschinen mit Junkers L 5 G als *He 42 B*-O gebaut. Aus

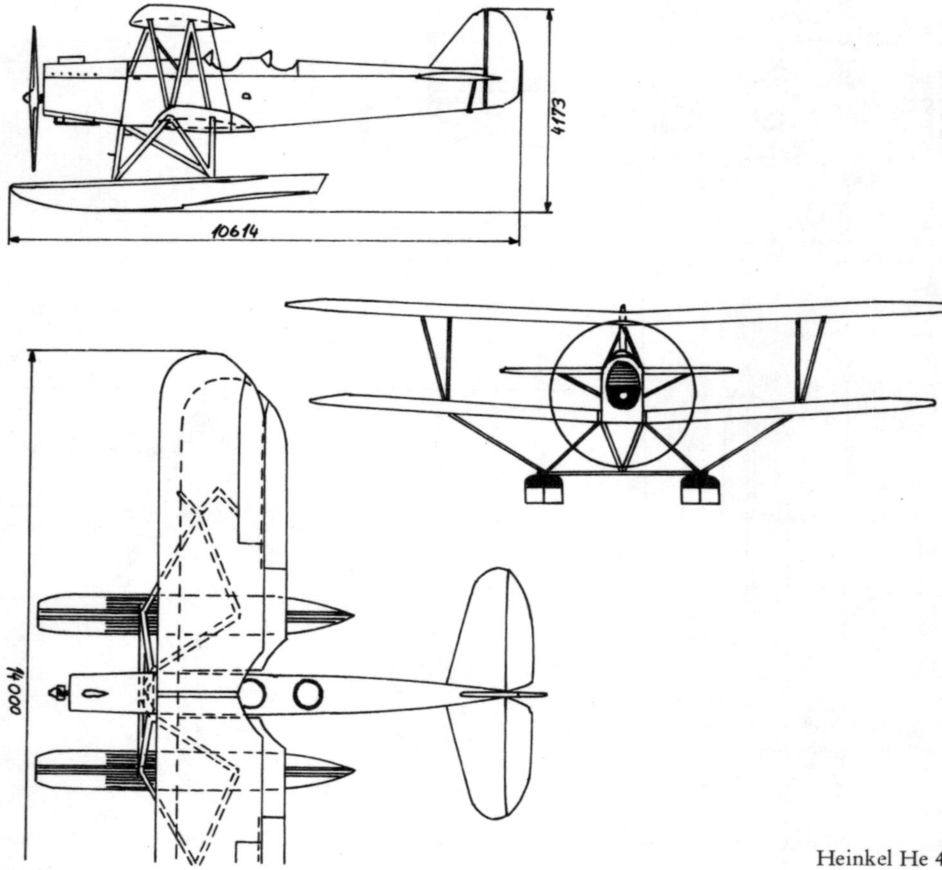

Heinkel He 42

dieser entstand die *He 42 B-1* mit verbesserter Funkausrüstung und schließlich 1934 die *C-Serie,* von der die *C-1* unbewaffnet, die *C-2* aber mit einem MG 15 zu Übungszwecken ausgerüstet war.

Heinkel HD 43   1931

Als letztes Glied der Entwicklungsreihe, die mit der *HD 23* begann, erschien 1931 der Doppeldecker *HD 43,* der aus der *HD 37* entwickelt wurde, der bei gleichem Triebwerk leicht verbesserte Leistungen zeigte. Konstruktiv entspricht er weitgehend seinem Vorgänger. Er wurde nur in einem Exemplar hergestellt.

Heinkel HD 44   1929

Durch die laufende Entwicklung von Militärflugzeugen für die Reichswehr ergab sich die Notwendigkeit der Erprobung von Triebwerken. Die Methode, die bei der

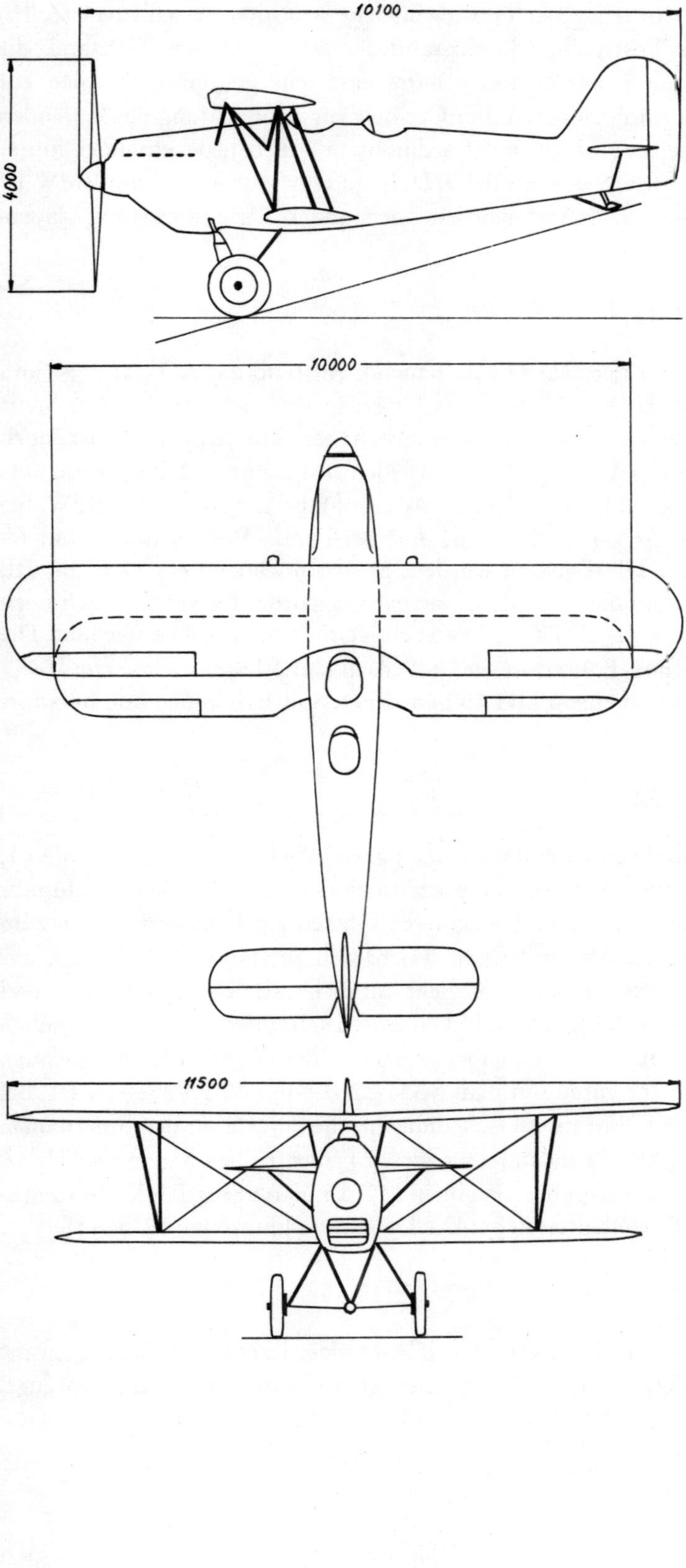

Heinkel He 45

HD 41 angewendet worden war, für verschiedene Motoren verschiedene Zellen zu bauen, erschien zu kostspielig. So entstand der erste fliegende Prüfstand, die *HD 44*. Der bespannte Stahlrohrrumpf hatte eine sehr geräumige Kabine zur Aufnahme von zwei Prüfingenieuren und Geräten zur Beobachtung des laufenden Motors im Fluge. Flugzeugführer und Bordmonteur saßen nebeneinander hinter der Kabine. Der erste Motor, der mit der *HD 44* getestet wurde, war ein BMW IV 5,5, ZU von 500/540 PS. Später wurden auch andere Triebwerke mit diesem Flugzeug erprobt.

Heinkel He 45 1931/32

Auf den Erfahrungen mit der *HD 41 b* aufbauend, entstand das Aufklärungs- und leichte Kampfflugzeug *He 45*. Über dieses Flugzeug ist bereits an anderer Stelle (Die Deutschen Flugzeuge 1933–45) ausführlich berichtet worden. Hier noch einige ergänzende Daten: Von der *He 45* wurden insgesamt 512 Flugzeuge hergestellt, davon 68 *He 45 A* bei der Gothaer Waggonfabrik, 126 *A-2* bei BFW, bei der gleichen Firma 30 *B-1*, 159 *A* und 60 *B-2* bei Focke-Wulf, während nur 69 Maschinen bei Heinkel selbst gebaut wurden. Es war noch eine *He 45 C* mit DB 600 geplant, von der aber nur eine Maschine gebaut wurde. Es wurden auch noch andere Triebwerke, z. B. der BMW 116 versuchsweise in die *He 45* eingebaut. Die Unterschiede der einzelnen Baureihen sind äußerlich kaum festzustellen. Die *He 45* war mit einem MG 17 und einem MG 15 bewaffnet, Splitterbomben konnten mitgeführt werden.

Heinkel He 46 1931/32

Die Entwicklung dieses leichten Aufklärungsflugzeugs lief parallel mit der *He 45*. Die ersten beiden Maschinen waren Doppeldecker und mit dem Siemens Jupiter von 450 PS ausgerüstet. Taktische Erwägungen führten zur Umkonstruktion zum Hochdecker mit seitlichen Abstützstreben. Hierdurch entstand ein Flugzeug, das der französischen *Morane-Saulnier 230* sehr ähnlich sah. Es sei erwähnt, daß *Focke-Wulf* auch einen solchen Hochdecker entwickelte, der der *He 46* ähnlich sah, die *Fw 40*. Die *Fw 40* konnte sich aber gegenüber der *He 46* nicht durchsetzen. Die erste Serie der *He 46* wurde mit dem SAM 22 B von 600 PS ausgerüstet. Bei dieser zeigten sich zuerst Vibrationserscheinungen, die der *He 46* den Spitznamen »Rüttelfalke« verschafften. Es gelang aber diesen Fehler zu beseitigen. Die *He 46* verfügte nur über eine Bewaffnung von einem MG 15, hatte aber Funk- und Fotoausrüstung. (Weitere Einzelheiten siehe: Die Deutschen Flugzeuge 1933–45)

Heinkel He 49 1932

Hatte Heinkel bei seinen bisherigen Versuchs-Jagdeinsitzern die kurze, gedrungene, daher sehr wendige Form in der Art englischer *Gloster-Entwürfe* bevorzugt,

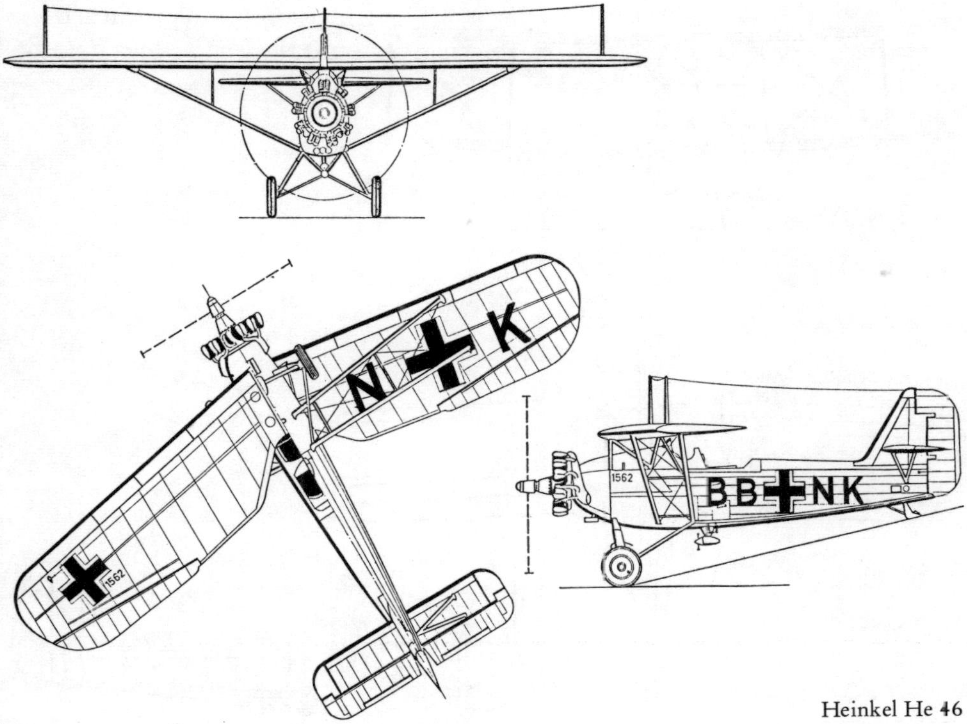

Heinkel He 46

so wandte er sich bei seinem nächsten Entwurf mehr der von *Hawker* gepflegten schlanken Form zu. Die *He 49* kann als Vorversuch für den später in Serie gebauten Jagdeinsitzer *He 51* angesehen werden. Die *He 49* unterscheidet sich von diesem durch die einfachere Ausführung. Die Leistungen lagen nur geringfügig unter denen des Serienmusters. Von dem Jagdeinsitzer *He 49* wurden nur zwei Maschinen gebaut, eine mit unverkleidetem Radfahrgestell, die zweite mit Schwimmwerk.

Heinkel He 50 1931

Über die Entwicklung des Sturzkampfbombers, kurz *Stuka* genannt, ist bereits mehrfach berichtet worden. Dabei wurde immer herausgestellt, daß die *Stuka*entwicklung eigentlich nur der Initiative Udets zu verdanken ist. Dem ist nicht so, denn Heinkel baute den ersten deutschen *Stuka* auf Grund eines japanischen Entwicklungsauftrages bereits einige Jahre vorher, bevor sich Udet für die amerikanischen *Curtiss-Sturzbomber* begeisterte. Allerdings sind auch die Japaner auf Grund der *Curtiss Helldivers* zu dem Entwicklungsauftrag angeregt worden. Und es ist eine Tatsache, daß die *He 50*, der erste deutsche Sturzbomber, das erste Heinkel-Flugzeug war, das in Japan in Serie gebaut wurde. Bisher hatte man sich in Japan beim Nachbau nur auf kleine Stückzahlen beschränkt. Ursprünglich ver-

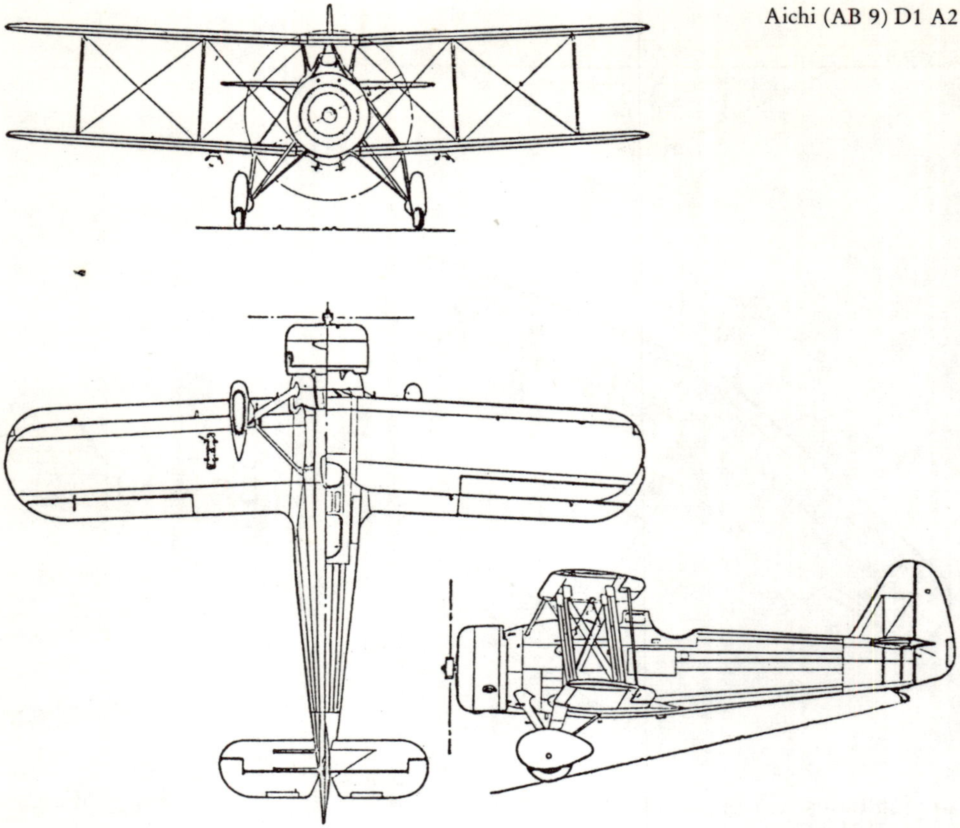

Aichi (AB 9) D1 A2

langten die Japaner ein Schwimmerflugzeug für Bomben- und Torpedo-Einsatz von Flugzeugträgern aus. Das erste Musterflugzeug, die *He 50 aW*, entsprach auch diesen Vorstellungen. Der verwendete Junkers L 5-Motor erwies sich aber als zu schwach. Das zweite Musterflugzeug war eine Landmaschine mit Siemens Jupiter-Motor, mit der nach Bruch der *He 50 aW* die Erprobung fortgeführt wurde. Drei Versuchsmaschinen gingen dann an die Erprobungsstelle Rechlin, wo nach zufriedenstellender Erprobung ein Serienauftrag erteilt wurde. Japan erhielt das erste Versuchsmuster mit Schwimmern, das wiederhergestellt worden war. Bei *Aichi* änderte man die *He 50* aber auch zum Landflugzeug ab. Man baute zwei Versionen, *AB 9*, Marinebezeichnung *D 1 A2*, und *AB 10*, Marinebezeichnung *D 1 A1*, offiziell lief die Entwicklung unter der Bezeichnung *Marine Sturzbomber Type 96*. Beide Ausführungen gingen in Serie.

Heinkel He 51 1933

Ab Mai 1933 wurde die erste Serie dieses ersten Jagdeinsitzers der neuen Deutschen Luftwaffe als *He 51 A-o* ausgeliefert. Diese Maschinen flogen noch alle mit

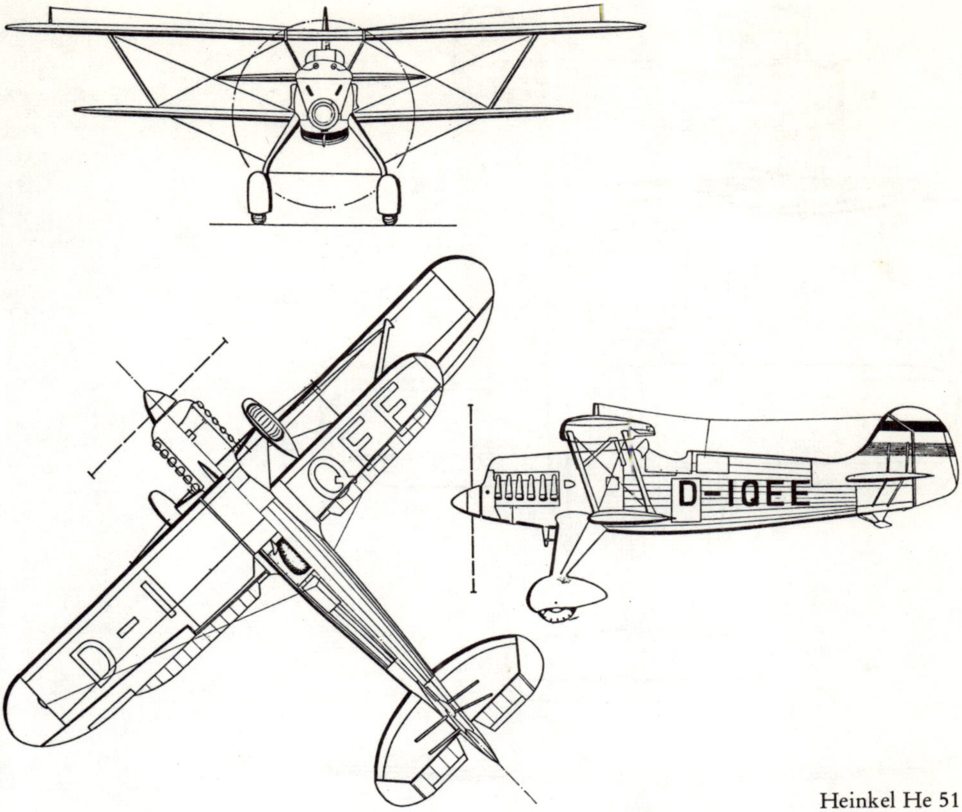

Heinkel He 51

zivilen Kennzeichen. Erst 1934 folgte die *A-1,* von der die ersten Maschinen der Erprobung dienten. Erst Anfang Juni erhielt das Jagdgeschwader Richthofen Nr. 2 die ersten vier *He 51 A-1.* Insgesamt wurden von dieser Serie 75 Maschinen hergestellt. 1936 erschien dann die verbesserte *He 51 B-1* und während des Spanien-Krieges die *C-1,* die als Jagd- und Tiefangriffsflugzeug nur an die Spanische Luftwaffe geliefert wurde. Sie wurde nicht in Deutschland geflogen. Aus der *He 49 W* entstand die *He 51 A-2 W,* von der eine kleine Serie für die Marineflieger geliefert wurde. Durch Umrüstung (Schwimmer und Katapulthaken) entstand aus der *B-1* die *B-2,* die als Bordflugzeug vorgesehen war. Während des Zweiten Weltkrieges waren noch einige Maschinen als Übungsjäger bei den Jagdfliegerschulen eingesetzt. Eine Maschine erhielt eine zweistielige Zelle mit vergrößerter Spannweite. Sie sollte als Höhenjäger eingesetzt werden. Es blieb beim Versuch.

Heinkel HD 55 1930

Von diesem Flugboot, einer Weiterentwicklung der *HD 15,* bestellte die UdSSR zuerst ein Boot mit einem Katapult. Die Maschine wurde abgeliefert und ging zur

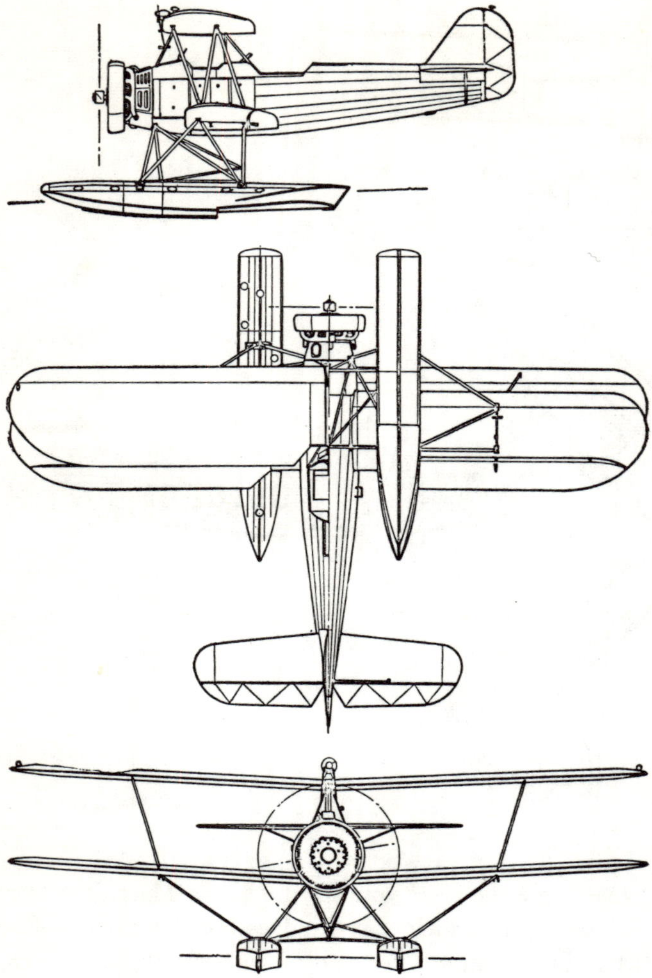

Heinkel He 56 = Aichi E3 A1

Erprobung nach Rußland. Da die sowjetischen Marineflieger mit den Leistungen der Maschine zufrieden waren, wurde ein Auftrag über zwanzig Maschinen erteilt. Durch einen Trick gelang es Heinkel alle zwanzig Maschinen ordnungsgemäß abzuliefern, obwohl die Gewichte und Leistungen der Boote durchaus nicht gleichmäßig waren. Die Boote sind unter der Bezeichung *KR-1* lange im Küstenwachdienst der UdSSR im Einsatz gewesen.

Heinkel HD 56 1930

Für Japan entwickelte Heinkel ein katapultfähiges Bordaufklärungsflugzeug, die *HD 56*, die ausschließlich von Aichi als *Marine Typ 90-1*, später *E3A-1* in Serie

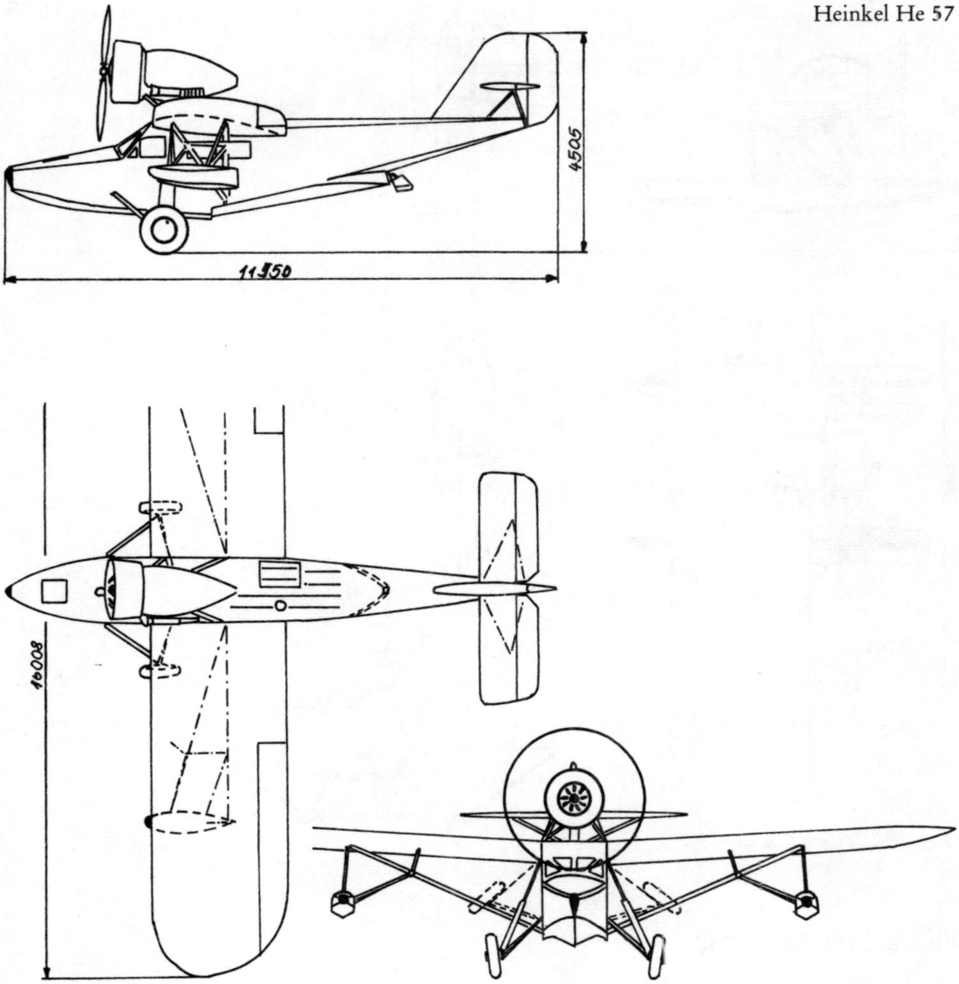

gebaut wurde. Die Maschinen waren auf verschiedenen Kreuzern und Schlachtschiffen eingesetzt.

Heinkel HE 57 Heron 1931

Dieses Amphibium ist die erste Ganzmetallkonstruktion der *Heinkel-Werke*. Auf Grund mangelnder Erfahrung fiel die Maschine zu schwer aus und erreichte trotz eines amerikanischen Pratt & Whitney »Wasp«-Motors von 450 PS nur sehr bescheidene Leistungen. Die einzige Maschine dieses Typs wurde an die Deutsche Verkehrsfliegerschule in List auf Sylt geliefert.

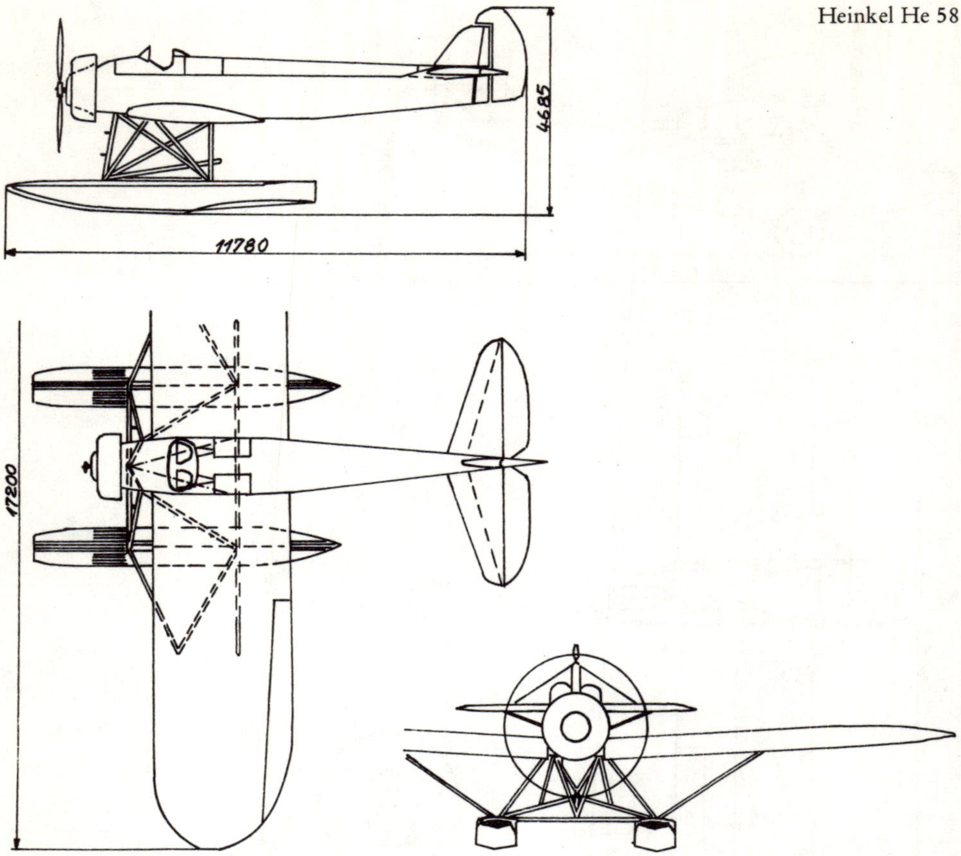

Heinkel HE 58 1930

Dieses katapultfähige Schwimmer-Postflugzeug ist eine Weiterentwicklung der *HE 12* und wurde auf dem Lloyd-Schnelldampfer »Europa« eingesetzt.

Heinkel He 59 1931

Ursprünglich als Landflugzeug ausgelegt, von dieser Version wurde nur ein Flugzeug hergestellt, wurde die *He 59* das Mehrzweckflugzeug der Marineflieger. Sie wurde zuerst als Aufklärungs- und Bombenseeflugzeug verwendet. Einige Maschinen waren während des Spanienkrieges auf den Balearen stationiert und flogen von dort aus Bombenangriffe auf rotspanische Küstenstädte. Später wurden die Maschinen als Seenotflugzeuge, *He 59 C-2* umgerüstet, woraus dann die serienmäßig gebaute *He 59 D* und zuletzt die *He 59 N* entstand. Die letzteren hatten nicht den weißen Seenotflugzeuganstrich und wurden als Übungstorpedoflugzeuge

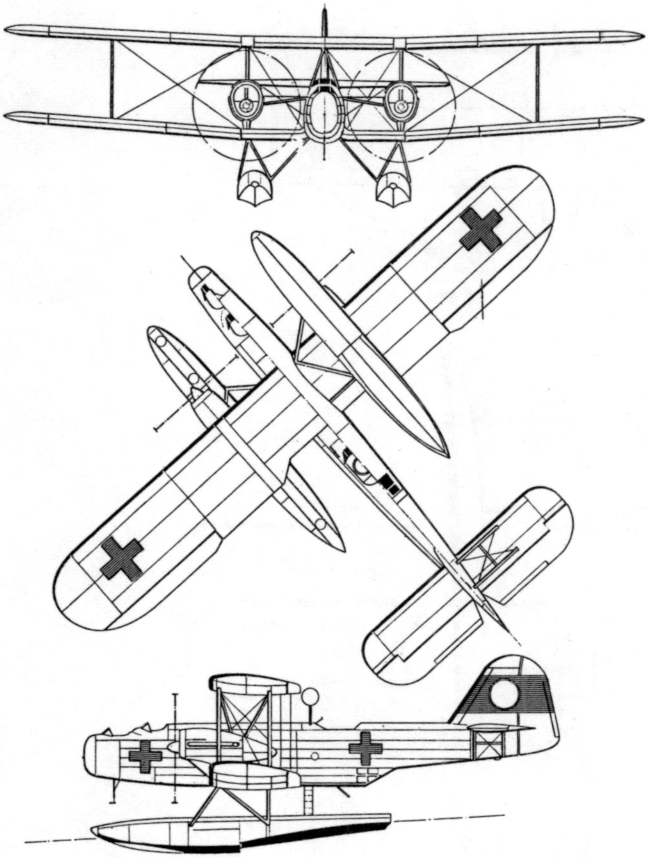

Heinkel He 59

eingesetzt. *He 59 C-2* und *D* haben während der Schlacht um England eine erhebliche Rolle gespielt. Die Fertigung lief 1936 aus. Die Firma Bachmann in Ribnitz baute die *He 59* unter Lizenz. Die letzten *He 59* waren 1942 in Dienst.

Heinkel He 60 1931/33

Dieser einstielige gestaffelte Doppeldecker auf Schwimmern war das erste Arbeitsflugzeug der Marineflieger. Da Versuche mit anderen Motoren nicht befriedigten, wurde die *He 60* Baureihen A und C mit BMW VI gebaut. Die Bewaffnung bestand nur aus einem MG 15. Ab 1940 wurde die *He 60* nur noch als Schulflugzeug verwendet.

Heinkel He 61 1932

Bei diesem Aufklärungsdoppeldecker handelt es sich um eine Exportversion der *He 45*, die an China geliefert wurde.

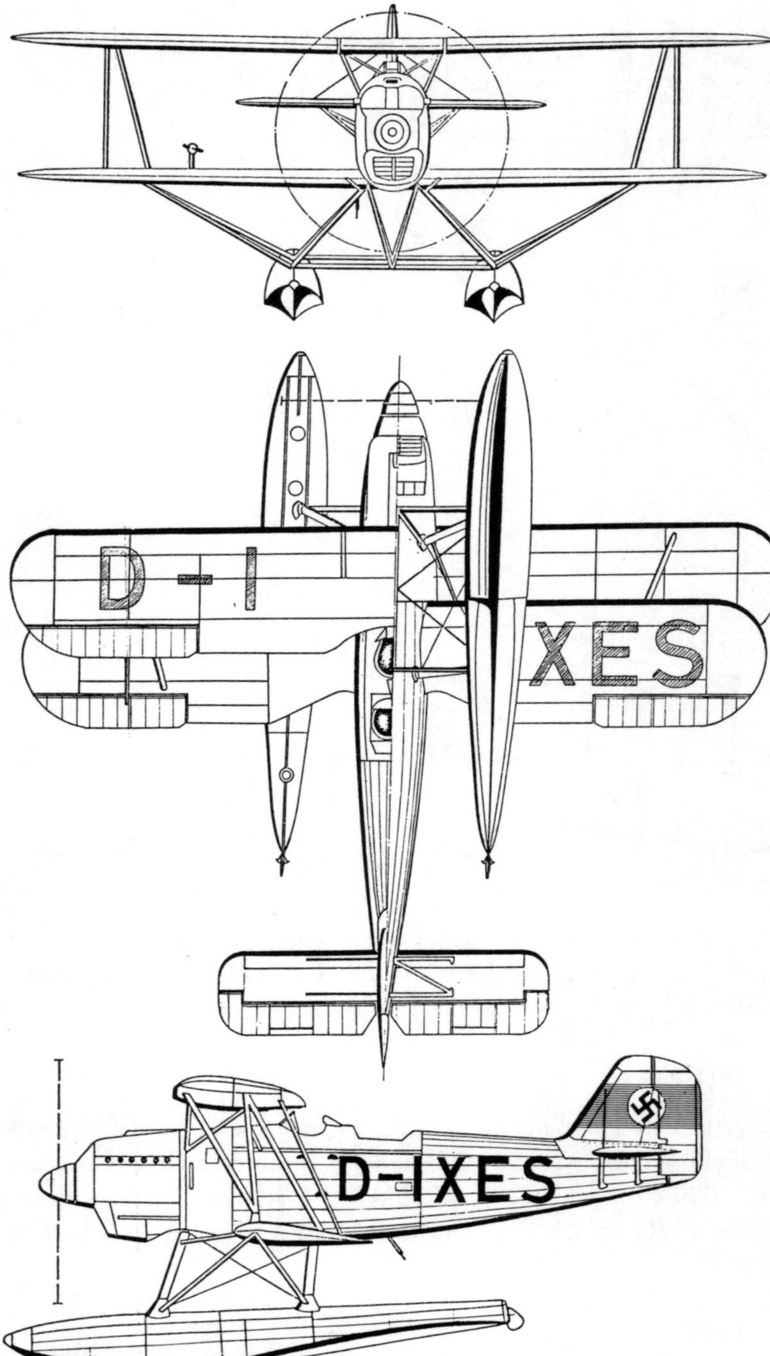

Heinkel He 60c

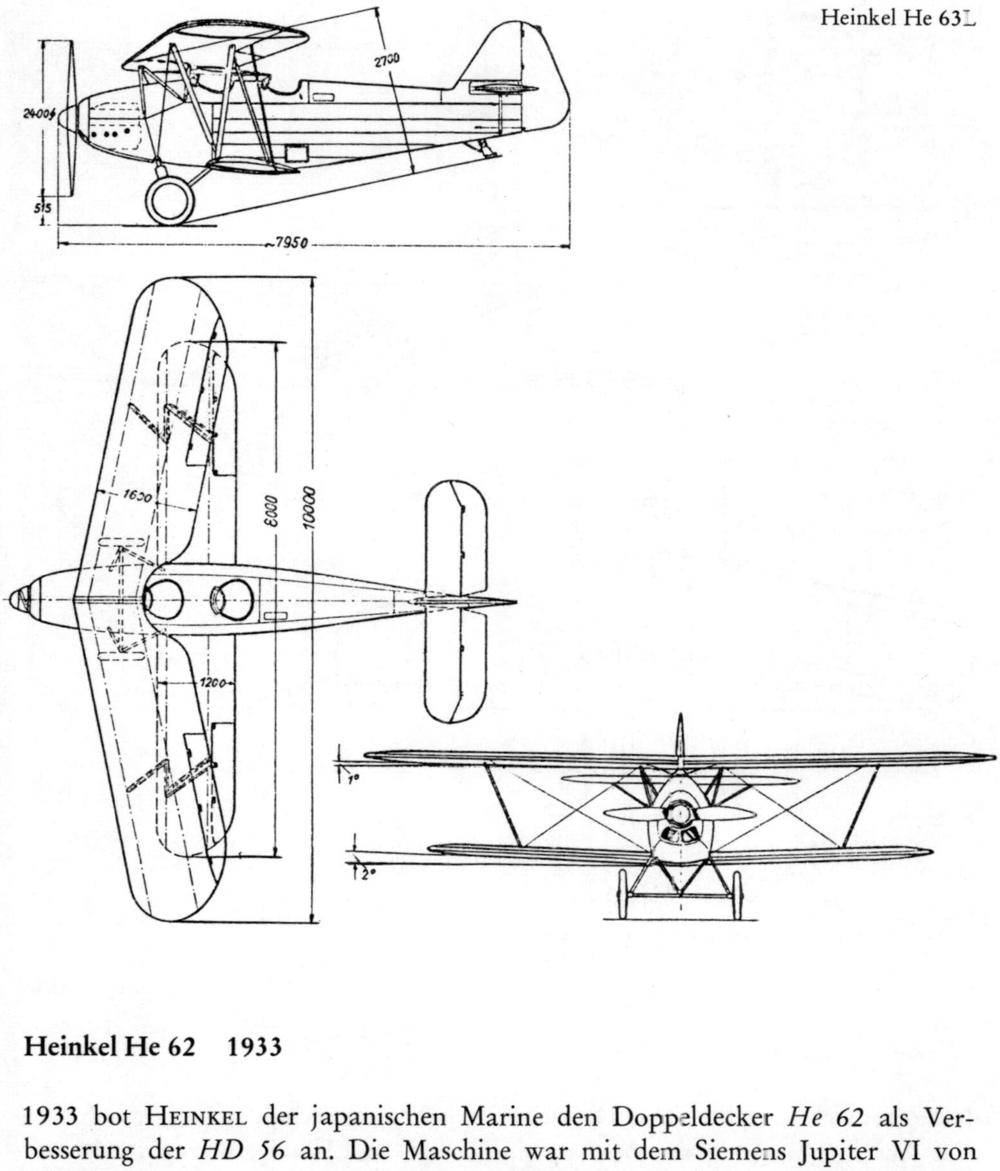

Heinkel He 63L

Heinkel He 62 1933

1933 bot HEINKEL der japanischen Marine den Doppeldecker *He 62* als Verbesserung der *HD 56* an. Die Maschine war mit dem Siemens Jupiter VI von 450 PS ausgerüstet und war als katapultfähiger Bordaufklärer ausgelegt. Da die *He 62* keine wesentlich verbesserten Leistungen gegenüber der *HD 56* zeigte, verfiel sie der Ablehnung.

Heinkel He 63 1930/31

Im Jahre 1931 brachte Argus den As 10, einen luftgekühlten Reihenmotor von 200 PS heraus, der sich zu einem der zuverlässigsten Triebwerke der dreißiger

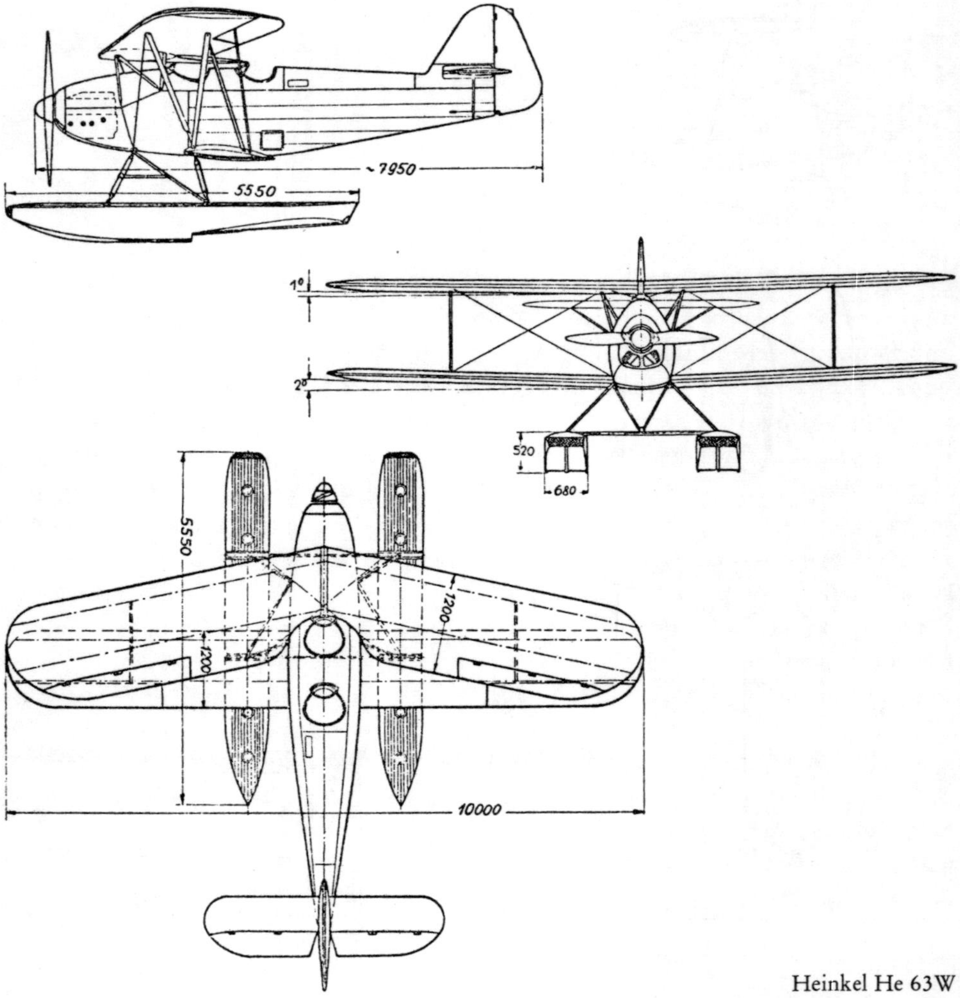

Heinkel He 63W

Jahre entwickeln sollte. Die Deutsche Verkehrsfliegerschule (DVS) erließ nun eine Ausschreibung zur Entwicklung eines Schul- und Übungsflugzeuges, das mit diesem Motor ausgerüstet werden sollte. An dieser Ausschreibung beteiligten sich Heinkel und Arado. Das Ergebnis war bei Heinkel die *He 63*, bei Arado die *Ar 66*. Obwohl sich die beiden Maschinen ähnlich waren, befriedigte die *Ar 66* doch mehr als der Heinkelsche Entwurf, so daß die *He 63* nur in einer kleinen Serie gebaut wurde. Dazu kam, daß die *Heinkel-Werke* mit dem Bau von reinen Militärflugzeugen mehr als ausgelastet waren. Die Heinkel *He 63* war der letzte Entwurf des alten *Heinkel-Entwicklungsteams*. Von nun an kam in die *Heinkel-Entwicklung* eine vollkommen neue Linie.

Teil V 1932-1958

Im Jahre 1931 stellte Heinkel die Zwillingsbrüder Walter und Siegfried Günther als Leiter seines Projektbüros ein. Die beiden jungen Männer waren bisher fast unbekannt geblieben. Eher kannte man sie an ihrer Vorliebe für konservative Kleidung, gutes Essen und schnelle Wagen. Doch es steckte weit mehr in ihnen. Sie hatten im Jahre 1930 für die Hamburger Firma des ehemaligen Kriegsfliegers Paul Bäumer, der mit dem Pour le Mérite ausgezeichnet worden war, ein Flugzeug gebaut, das durch seine aerodynamisch günstigen und schönen Formen bestach. Im Verhältnis zu seinem schwachen Triebwerk bot es hervorragende Leistungen. Durch den tödlichen Absturz Bäumers wurde die Weiterentwicklung dieses vielversprechenden Typs, des Bäumer *Sausewind,* verhindert. Die beiden Brüder bildeten zusammen ein geradezu ideales Team für Neuentwicklungen. Walter Günther war der Künstler mit dem intuitiven Blick für die beste Form, Siegfried dagegen der kühl rechnende Techniker. So schildert sie uns Heinkel. Die Entwürfe dieser beiden Männer sollten das Gesicht der *Heinkel-Flugzeuge* grundlegend verändern. Der Doppeldecker verschwand vollkommen und machte dem Tiefdecker in aerodynamisch hervorragender Gestaltung Platz. Das spatenförmige Seitenleitwerk der von ihnen entwickelten *Heinkel-Flugzeuge* wurde für die kommende Zeit bis zum Ausbruch des Zweiten Weltkrieges sozusagen zur Fabrikmarke der *Heinkel-Werke.*

Heinkel, der die Fortschritte in der internationalen Flugzeugentwicklung immer aufmerksam verfolgt hatte, ließ durch Walter Günther einen Windkanal bauen. Seinen Bruder Siegfried schickte er nach den Vereinigten Staaten, damit er die dortigen Flugzeugwerke kennenlernte. Siegfried erkannte sehr schnell, womit Boeing, Lockheed und Douglas ihre Erfolge errungen hatten. Die Gründe lagen in der vorzüglichen aerodynamischen Formengebung sowie im verkleideten und teilweise schon einziehbaren Fahrwerk.

Mit diesen neuen Erkenntnissen und Erfahrungen ging man in Warnemünde an die Arbeit. Für den Europa-Rundflug 1932 wurde ein zweisitziges Reiseflugzeug geschaffen, das den größten Erfolg erzielte und die Bewunderung der Fachwelt erregte, obwohl es auf Grund der Ausschreibung, welche die schwächsten Flugzeuge bevorzugte, nicht Sieger wurde. Diese Maschine war die *Heinkel He 64.* Als der damalige Leutnant der Reichswehr Hans Seidemann am 27. August 1932 mit seinem *Roten Teufel,* wie man das Flugzeug getauft hatte, in Rekordzeit den Zielflughafen Berlin-Tempelhof erreichte, kam es zu wahren Begeisterungsstürmen.

Im Spätherbst 1931 erreichten die ersten Nachrichten aus den Vereinigten Staaten über ein neues Postflugzeug Deutschland. Die Lockheed *Orion* war mit 260 km/h etwa um 40 km/h schneller als alle deutschen Postflugzeuge. Die Lufthansa wünschte eine Konkurrenzmaschine und sorgte dafür, daß die Firma Junkers, zu der sie sehr gute Beziehungen hatte, einen entsprechenden Entwicklungsauftrag erhielt. Aber bei Junkers hatte man zwar schon immer sehr gründlich, doch auch sehr langsam gearbeitet. Dieses Arbeitstempo behagte weder der Lufthansa noch der Luftfahrtabteilung des Reichsverkehrsministeriums. So wandte sich der Abteilungsleiter des Ministeriums, Min. Dir. BRANDENBURG, der kriegsversehrte ehemalige Kommandeur des berühmten England-Geschwaders *KG 3,* an HEINKEL. Er forderte eine Maschine, die ebenso schnell war wie die erwähnte amerikanische. HEINKEL vertrat jedoch den Standpunkt, man müsse noch schneller sein. Innerhalb von sechs Monaten wollte er das Flugzeug entwickelt haben. Es sollte eine Geschwindigkeit von 320 km/h erreichen. BRANDENBURG schickte ihn darauf zu Erhard MILCH, dem damaligen Direktor der Lufthansa. Diesem erschien eine Geschwindigkeit von 320 km/h als zu gewagt. 285 km/h hielt er für noch vertretbar.

Die Entwicklung dieses Flugzeug lief bei HEINKEL unter der Bezeichnung *He 65.* Es sollte ein Tiefdecker mit verkleidetem Fahrwerk und einem Hornet-Motor von Pratt & Whitney werden. Am 15. Mai 1932 erfuhr HEINKEL, daß die Schweizer Luftverkehrsgesellschaft »Swissair« die »Orion« gekauft hatte. HEINKEL rief MILCH an, der darüber bereits unterrichtet war. Er willigte nun in eine Geschwindigkeit von über 300 km/h ein. Die Entwicklung der *He 65* wurde daraufhin eingestellt und eine neue Maschine mit Reihenmotor und einziehbarem Fahrwerk entworfen. Der Erstflug fand am 1. Dezember 1932 statt, nach dreiwöchiger Erprobung der Abnahmeflug. Dabei erreichte die Maschine eine Geschwindigkeit von 377 km/h! Mit diesem neuen Flugzeug, der *He 70,* holte sich Flugkapitän UNTUCHT von der Lufthansa in der Zeit vom 14. März bis zum 28. April acht internationale Geschwindigkeitsrekorde. Die Amerikaner waren mit Längen geschlagen.

Der Entwurf für die *He 65* aber hatte ein seltsames Schicksal. Er ging nach Japan. Die Firma Aichi arbeitete dort den Entwurf durch. Dabei kamen ihre Konstrukteure zu der Auffassung, der aerodynamisch sehr günstige, geschwungene Anschluß der Fläche an den Rumpf sei für die Fabrikation ungünstig. – Ähnliches sollte HEINKEL später mit der *He 111* erleben. – Die Bleche verzogen sich ständig an dieser Stelle. Daher konstruierten die Japaner ein neues gerades Flächenmittelstück, das auch bei Sturzflügen genügend Festigkeit bot. Sie wollten nämlich aus der Maschine einen Sturzkampfbomber machen. Auch der Hornet-Motor von Pratt & Whitney wurde deshalb durch einen japanischen Sternmotor ersetzt. Das Fahrwerk baute man als Einbeinfahrwerk ohne die Verstrebung, die für die *He 65* vorgesehen war. Das Versuchsmuster trug die Firmenbezeichnung *AM 17,* Versuchs-Träger-Sturzbomber *11-shi.* Nach einer eingehenden Erprobung wurden einige Änderungen vorgenommen. Unter anderem erhielt das Seitenleitwerk eine lang ausgezogene Flosse. Dann ging die Maschine unter der Bezeichnung *D 3 A 1/2* in die Serienfertigung. Sie wurde unter der Pazifik-Code-Bezeichnung *Val* bekannt, als sie 1941 beim japanischen Angriff auf Pearl Harbour in mehreren Staffeln eingesetzt wurde. Nebenbei baute Aichi auch die *He 64* unter der Bezeichnung *AM 15* nach.

Der *Heinkel 70* folgte die *He 71,* eine einsitzige Maschine aus der Entwicklungsreihe der *He 64.* Elli Beinhorn machte sie durch ihre Flüge besonders bekannt. Auf Grund einer Ausschreibung des Reichsluftfahrtministeriums entstand 1933 das Schulflugzeug *He 72 Kadett,* das wie seine Konkurrenzmaschine, die Focke-Wulf *Fw 44 Stieglitz,* in großen Serien gebaut wurde. Von beiden Typen haben einige Maschinen den Zweiten Weltkrieg überlebt. Für das Leicht-Jäger-Programm des Reichsluftfahrtministeriums entwickelte Heinkel den einsitzigen Doppeldecker *He 74.* Allerdings konnte er gegen die Konkurrenz der Typen Arado *Ar 76* und Focke-Wulf *Fw 56* nicht bestehen.

Heinkel entwickelte danach den Jäger *He 100.* Auf Grund der unbegründeten und unsinnigen Ansicht des Reichsluftfahrtministeriums, daß Heinkel nur Bomber, aber keine Jäger bauen dürfe, wurde er nicht angenommen. Daran konnte auch die Tatsache nichts ändern, daß zwei Flugzeuge dieser Baureihe die höchsten Rekorde erzielten. Am 5. Juni 1938 gewann Udet mit seiner *He 100 V-2* den Weltgeschwindigkeitsrekord für Landflugzeuge über die Strecke von 100 km mit einer Geschwindigkeit von 634,73 km/h. Ein Dreivierteljahr später eroberte Flugkapitän Dieterle mit der *He 100 V-8* am 30. März 1939 sogar den absoluten Weltgeschwindigkeitsrekord mit 746,4 km/h. Messerschmitts Jäger *Bf 109* sollte aber in Serie gehen. Um dieses Programm propagandistisch zu untermauern, ließ man eine Rennmaschine, die *Me 209 V-1,* mit einer Geschwindigkeit von 755 km/h Dieterles Rekord unterbieten und erklärte, der Rekord sei mit einer *Bf 109 R* geflogen worden. So sollte der Eindruck erweckt werden, die *Bf 109* sei eine Rekordmaschine.

Einige Flugzeuge vom Typ *He 100* wurden nach Rußland und Japan verkauft. In Deutschland stellte man ihn nur aus Propagandagründen als Jäger *He 113* groß heraus. Die Japaner aber arbeiteten ihn unter der Bezeichnung *He 113* weiter konstruktiv durch. Da aber dort genügend andere Baumuster einheimischer Entwicklung zur Verfügung standen, verzichteten die Japaner schließlich auf den Nachbau.

Ein großer Erfolg für Heinkel wurde die *He 111*, eine zweimotorige Weiterentwicklung der *He 70*. Während aber die *He 70* erst nachträglich zum Militärflugzeug umgebaut wurde, war die *He 111 V-1* von vornherein als Bomber geplant. Erst die folgenden V-Maschinen sollten Prototypen von Verkehrsflugzeugen für die Lufthansa werden. Doch für diesen Zweck wurden nur zwölf Maschinen gebaut. Von den verschiedenen Bomberserien aber lieferte das Werk über 5600 Flugzeuge. Bei der Truppe erfreuten sich die H- und P-Serien der *He 111* ihrer Zuverlässigkeit und Robustheit wegen großer Beliebtheit. Es hat Besatzungen gegeben, die noch 1944 es im Osten vorzogen mit der *He 111* weiter zu fliegen, als auf die modernere *He 177* umzusteigen.

Nach 1933 entstand auf Wunsch der Luftwaffe ein neues und größeres Werk in Rostock-Marienehe. Es sollte zum Stammwerk werden.

Auf Grund einer Ausschreibung des Reichsluftfahrtministeriums entwickelte 1934 Prof. Hertel den Jagdeinsitzer *He 112*. Auch dieses Projekt mußte zugunsten der *Bf 109* von Messerschmitt fallengelassen werden. Für die Seeflieger entstanden das Aufklärungsflugzeug *He 114* und das Torpedo-, Bomben- und Minenflugzeug *He 115*. Das Postflugzeug *He 116* wurde in zwei Exemplaren nach Japan geliefert, nachdem eine Maschine dieses Typs mehrere Langstreckenrekorde aufgestellt hatte. Das Sturzkampfflugzeug *He 118* wurde zugunsten des Stukas *Ju 87* fallengelassen, obwohl es in den Leistungen mindestens gleichwertig war. Eine Maschine ging zusammen mit einer *He 112* nach Japan. Dort trug die *He 118* die Bezeichnung *D X He 1*, die *He 112* hieß *A 7 He 1*, und die *He 100* wurde unter der Bezeichnung *A X He 1* geflogen.

Ein völlig neues Konstruktionsprinzip verkörperte die *He 119*, die ebenfalls mehrere Rekorde eroberte. Aber auf Grund ihres geradezu revolutionären Prinzips fand sie bei den konservativen Herren im Reichsluftfahrtministerium keinen Anklang. Als sich die englischen Jagdbomber *DH 98 Mosquito* später über Deutschland tummelten und es sich sogar ihrer überlegenen Geschwindigkeit wegen leisten konnten, ohne Bordwaffen zu fliegen, hat man diesen Entschluß bitter bereut.

Über die Tragödie des schweren Bombers *He 177* ist genügend geschrieben worden (siehe auch »Die deutschen Flugzeuge 1933–45«), so daß es sich erübrigt, hier noch näher darauf einzugehen. Die Leistungen Heinkels auf dem Gebiet des Raketen- und Strahlturbinenflugzeugs (Heinkel *He 176*, *He 178* und *He 280*) sind weltbekannt.

Als die *Ernst Heinkel Flugzeugwerke G.m.b.H.* am 1. April 1943 in die *Ernst Heinkel AG* umgewandelt wurde, waren zu den Stammwerken Rostock-Marienehe und Berlin-Oranienburg bereits die Werke in Wien und Jenbach (Tirol), die Hirth-Motoren-Werke G.m.b.H. in Stuttgart-Zuffenhausen und die Vereinigten Ostwerke G.m.b.H. in Krakau gekommen. Zu diesen 6 umfangreichen Hauptwerken gehörten außerdem 27 Zweigwerke, 12 Konstruktionsbüros und 3 Reparaturbetriebe. Gegen Ende 1944 wurden rund 50000 Mitarbeiter beschäftigt, bis Kriegsende weit über 10000 Flugzeuge produziert. Aus dem kleinen Betrieb des Jahres 1922 war ein Industrie-Unternehmen von imponierenden Ausmaßen geworden...

Mit der Kapitulation im Mai 1945 kam für Ernst HEINKEL die totale Zerstörung, Demontage oder entschädigungslose Enteignung all seiner Werke bis auf jenes in Stuttgart-Zuffenhausen, das unter Vermögensverwaltung und Treuhänderschaft gestellt wurde.

Erst ab 30. Januar 1950, nach fast 5 Jahren, durfte HEINKEL sein Werk wieder betreten und in eigene Regie nehmen. Der Betrieb hatte unter den Treuhändern schwer gelitten, und von den ehemals 3000 Mitarbeitern waren nur noch etwa 300 verblieben. Das war die schmale Basis für den wirtschaftlichen Wiederaufbau. Er begann unter widrigsten Verhältnissen mit der Produktion von Zahnrädern, Getrieben, Kurbelwellen und Fahrzeugmotoren. Dazu kam 1953 der Viertakt-Motorroller »Tourist«, dessen Welterfolg zur Neugründung der *Ernst Heinkel Motorenbau G.m.b.H.* in Karlsruhe führte.

Unabhängig davon suchte Ernst HEINKEL mit aller Energie nach neuen Möglichkeiten, wieder Anschluß an die rasant fortschreitende Entwicklung der internationalen Luftfahrt zu bekommen, denn der Flugzeugbau war und blieb seine Lebensaufgabe. Bereits Ende 1953 hatten seine Bemühungen Erfolg: Die ägyptische Regierung beauftragte HEINKEL mit der Entwicklung eines modernen Strahljägers einschließlich des Triebwerkes. Dadurch wurde es HEINKEL möglich, so hervorragende ehemalige Mitarbeiter wie Karl SCHWÄRZLER und später auch Siegfried GÜNTHER, nach dessen Rückkehr von seinem »Zwangsaufenthalt« in der UdSSR, wieder zu sich zu holen – ein weiterer großer Verdienst HEINKELS um die deutsche Luftfahrt. Und HEINKEL war es auch, der allein das gesamte wirtschaftliche und politische Risiko des Ägypten-Projektes übernahm, allem Widerstand kurzsichtiger Behörden zum Trotz.

Das neue, 150 Mann starke *Heinkel-Entwurfsteam* unter der Leitung von Siegfried GÜNTHER entwickelte daraufhin ab 1954 die einstrahlige *He 011,* einen Deltajäger modernster Konzeption. Mit der für 6500 kp Standschub ausgelegten *HeS 053* entstand gleichzeitig das erste deutsche Strahltriebwerk nach dem Kriege. Es wurde von Dr.-Ing. GOSSLAU in Stuttgart konstruiert und in Teilversuchen auf dem Prüfstand getestet. Die *He 011* konnte noch in einer 1 : 1-Attrappe von deutschen Ingenieuren in Heluan gebaut werden, dann zog Ägypten seinen Auftrag wegen fehlender finanzieller Mittel zurück.

Bereits 1955 entstand dann bei HEINKEL im Auftrage Spaniens ein zweiter Delta-Jäger in Leichtbauweise, die *He 012* (C 101). Trotz zu erwartender hoher Leistungen kam sie nicht über das Projektstadium hinaus.

Als im Mai 1955 die Siegermächte der Bundesrepublik Deutschland ihre volle Souveränität zurückgaben und damit endlich auch die Fesseln für den Flugzeugbau fielen, folgte bald darauf die Gründung der *Ernst Heinkel Fahrzeugbau G.m.b.H.* in Speyer. (1958 in *Ernst Heinkel Flugzeugbau G.m.b.H.* umbenannt.)

Schon 1956 begann in Speyer – gemeinsam mit *Messerschmitt* im Rahmen der Flugzeug-Union Süd (FUS) – der Lizenzbau von 210 französischen Strahl-Trainern Fouga C.M. 170R »Magister« für die wiedererstandene Luftwaffe. Dieses Programm lief bis etwa 1960. Hinzu kamen Wartungsaufträge für Verbindungsflugzeuge der US. Army.

Nachdem die Produktion zunächst gesichert war, konnte man sich wieder größeren, eigenen Entwicklungsaufgaben zuwenden und sich an einer Ausschreibung des Bundesministeriums für Verteidigung vom November 1956 beteiligen. Diese forderte einen deutschen Mach-2-Interzeptor mit Mischantrieb. Der Entwurf Siegfried GÜNTHERS, die *He 021* »Florett«, war im Februar 1957 fertig und eine aerodynamische Meisterleistung. Sie erhielt einen delta-ähnlichen Trapezflügel, eine De Havilland »Gyron Jr.«-Strahlturbine plus ein D.H.-»Spectre«-Raketentriebwerk. Auf Grund ihrer zu erwartenden außergewöhnlichen Leistungen gewann die »Florett« den Wettbewerb, blieb aber dennoch nur Projekt, weil man sich bei der NATO dem Senkrechtstarter zugewandt hatte...

Prof. Dr.-Ing. e.h. Dr. phil. h.c. Ernst HEINKEL konnte den Wiederbeginn des deutschen Flugzeugbaues und die wachsende internationale Zusammenarbeit nur noch in ihren Anfängen erleben. Mit seinem Tode am 30. Januar 1958 verlor die Luftfahrt Deutschlands und der Welt eine ihrer großen Persönlichkeiten. Trotzdem wird der Name HEINKEL in der Geschichte nicht nur der deutschen, sondern auch der Weltluftfahrt nicht wegzudiskutieren sein, denn es gibt wohl wenige Flugzeugbauer, die so bahnbrechend auf allen Gebieten des Flugzeugbaus gewesen sind. Wenn wir heute die Strahlflugzeuge, ob zivil oder militärisch, am Himmel ihre Kurse ziehen sehen, dann wollen wir nicht vergessen, daß das erste Strahlflugzeug, das wirklich geflogen ist, den Namen *Heinkel He 178* trug.

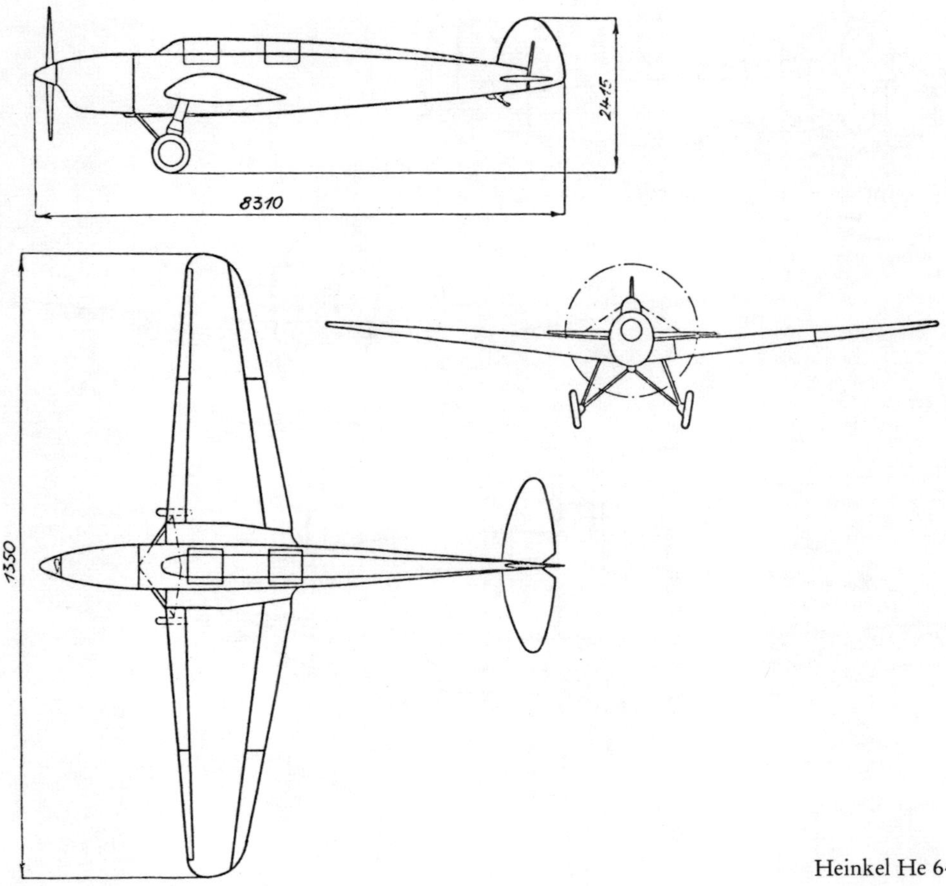

Heinkel He 64

Heinkel He 64 1932

Erster Entwurf der Brüder GÜNTHER für die Heinkel-Werke. Die *He 64* wurde als zweisitziges Sport- und Reiseflugzeug für den Europa-Rundflug 1932 entwikkelt. Die Maschine durchflog unter Oblt. SEIDEMANN die 7500 km lange Strecke in sechs Tagen, statt in den vorgesehenen 12. Bei den Wettbewerben erreichte die *He 64* eine Höchstgeschwindigkeit von 240 km/h gegenüber einer geringsten Geschwindigkeit von 62,3 km/h. Die Maschine ist eine reine Holzkonstruktion und hatte als Triebwerk den Argus As 8 R von 150 PS. Während die normale *He 64* einen lang auslaufenden Dreieckflügel mit abgerundeten Flächenkappen hatte, wurde später noch eine *He 64 D* mit einem der *He 70* ähnlichen Flügel gebaut, die mit dem gleichen Triebwerk von 150 PS 295 km/h erreichte. Ein Nachbau der *He 64* erfolgte bei Aichi in Japan unter der Bezeichnung *AM 15*.

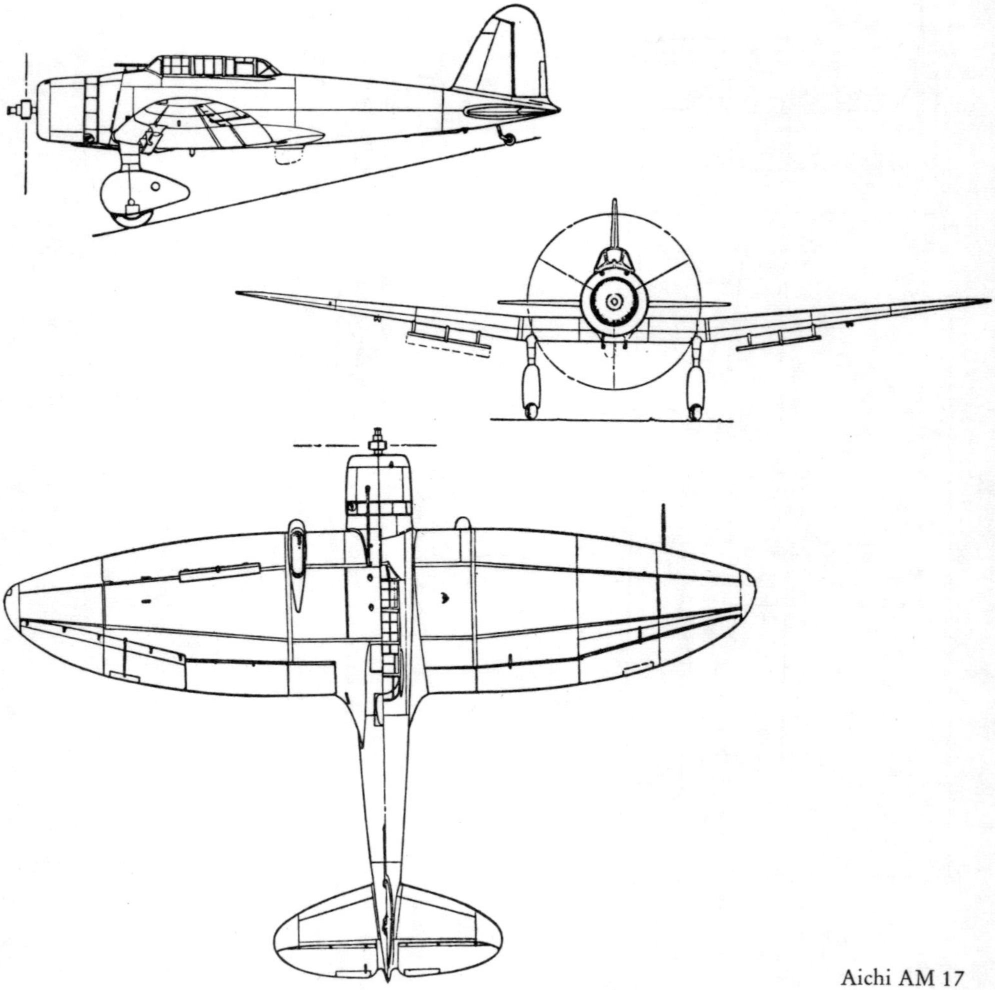

Aichi AM 17

Heinkel He 65 1932

Erster Entwurf eines schnellen Postflugzeuges für die Lufthansa als deutsche Antwort auf die amerikanische Lockheed »Orion«. Freitragender Tiefdecker mit festem verkleideten Fahrwerk und Pratt & Whitney »Hornet«-Motor von 450 PS. Zur Erzielung einer aerodynamischen Zelle reduzierte man die Beeinflussungswiderstände, die bei ungeeignetem Übergang der Flächen in den Rumpf bei spitzen Winkeln beträchtliche Größen annehmen können. Die nunmehr zur Rumpfoberfläche senkrecht angebrachten Flächen bedingten eine stark negative V-Form, die in der Nähe der Fahrwerksstreben in eine positive Form übergingen. Dadurch entstand der für viele spätere *Heinkel-Konstruktionen* charakteristische Knick-

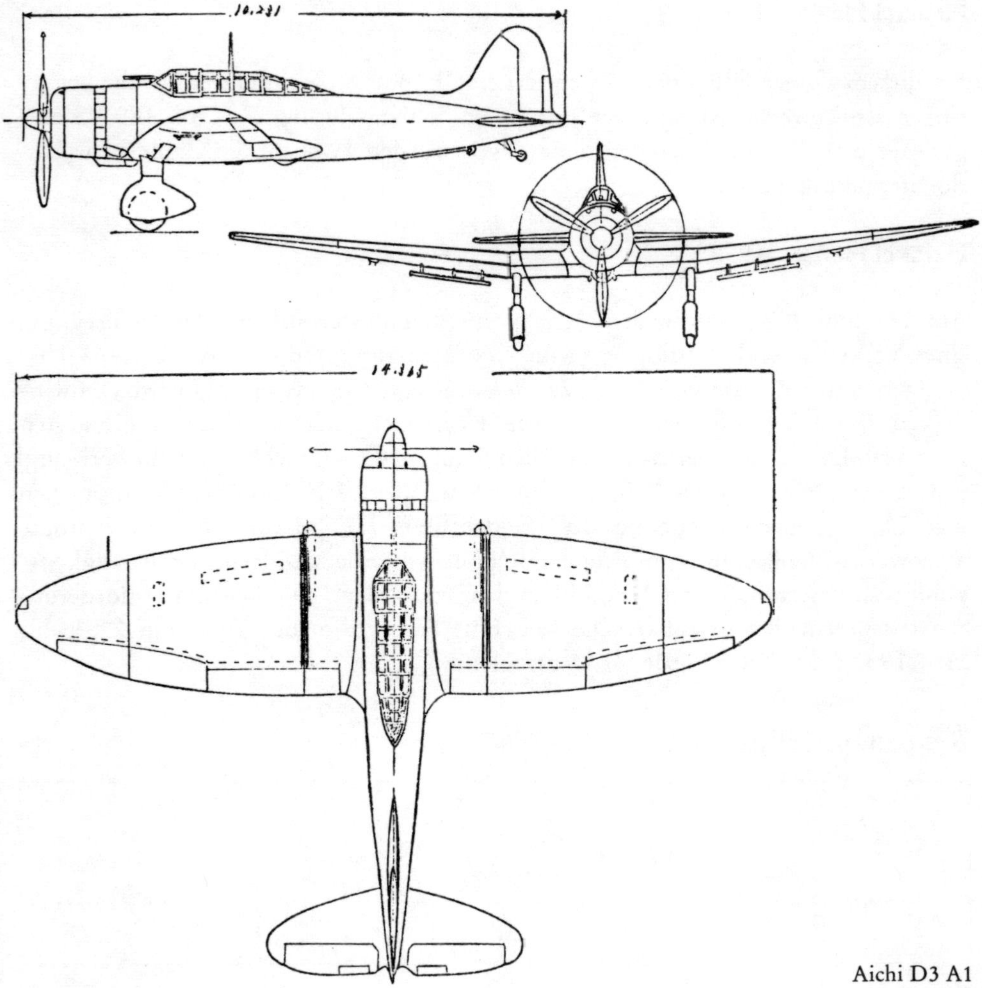

Aichi D3 A1

flügel. Noch während der Arbeiten an der *He 65* erfolgte die Umkonstruktion zur *He 70.* Der Entwurf *He 65,* von der nur ein Modell gebaut wurde, ging dann nach Japan zu Aichi, wo eine Vereinfachung des Flächenanschlusses an den Rumpf aus fabrikatorischen Gründen vorgenommen wurde. Das bei der *He 65* mit Streben abgestützte Fahrwerk wurde zum Einbeinfahrwerk umkonstruiert. Das erste Versuchsflugzeug wurde als *AM 17,* Marine-Bezeichnung Versuchs-Träger-Sturzbomber *11-shi* bezeichnet. Nach eingehender Erprobung und einigen Verbesserungen der Zelle erfolgte der Serienbau unter der Bezeichnung *Aichi D 3 A 1/2.* Von den Amerikanern wurde diesem Typ der Code-Name »Val« gegeben. Einige Staffeln dieses Typs nahmen an dem Angriff auf Pearl Harbour am 7. Dezember 1941 teil.

Heinkel He 66   1932

Bei diesem Flugzeug handelt es sich um eine Exportversion der *He 50*, die bei geringen strukturellen Änderungen mit einem Siemens Jupiter F 7 von 480 PS ausgerüstet war. Zwölf Maschinen dieses Typs wurden 1934 an die Chinesische Nationalregierung geliefert.

Heinkel He 70   1932

Am 14. Juni 1932 wurde dem Reichsverkehrsministerium die Baubeschreibung eines Verkehrs- und Postflugzeugs für eine Besatzung von 1 Mann und 4–5 Passagieren unter der Bezeichnung *He 70* vorgelegt, für das eine Höchstgeschwindigkeit von 314 km/h garantiert wurde. Es handelte sich um einen modifizierten Entwurf der *He 65*, bei dem vor allen Dingen ein einziehbares Fahrwerk und statt des Sternmotors ein Reihenmotor BMW VI 7, 3 Z von 750 PS vorgesehen war. Dazu kam die bereits bei dem Jagdeinsitzer *HD 38* versuchsweise erprobte Triebwerks-Heißkühlung, um die sonst üblichen widerstandsreichen Flüssigkeitskühler zu ersetzen. Der Glykolkühler war außerdem den Leistungsanforderungen entsprechend einziehbar. Die Maschine eroberte in der Zeit vom 22.3. bis 28.4.1933 acht Weltrekorde für Deutschland.

Rekordaufstellung mit Heinkel He 70

Nr.	Flug am:	Strecke km	Last kg	Leistung km/h	Bisheriger Rekordinhaber Land	km/h
			Diplom-Rekorde			
1	22. 3. 33	1 000	–	347,477	Frankreich	286,227
2	24. 3. 33	2 000	–	345,310	Frankreich	263,900
			Internationaler Rekord			
3	22. 3. 33	1 000	500	347,477	Frankreich	281,250
			Nationale Rekorde			
4	28. 4. 33	100	500	357,427	USA	298,510
5	28. 4. 33	100	1 000	357,427	Frankreich	299,251
6	14. 3. 33	500	–	348,945	Frankreich	308,779
7	14. 3. 33	500	500	348,945	Frankreich	294,194
8	28. 4. 33	500	1 000	355,338	Frankreich	294,194

Eine Maschine wurde nach England geliefert und von Rolls-Royce mit einem Kestrel V von 640 PS ausgerüstet. Mit diesem Motor wurde eine Höchstgeschwindigkeit von 410 km/h erreicht. Der vom Technischen Amt des RLM angestrebte

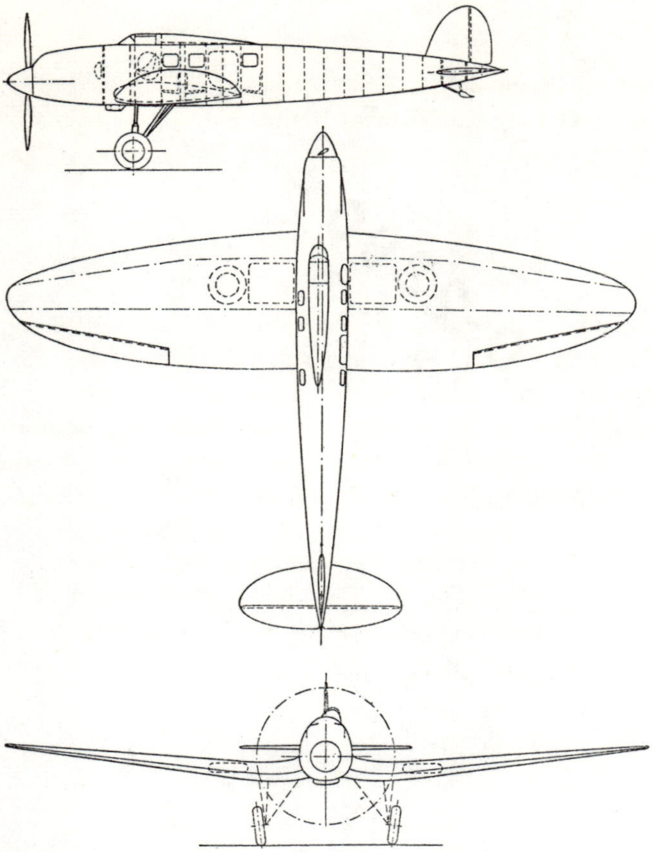

Heinkel He 70 G

Austausch der Nachbaurechte für die *He 70* gegen die des englischen Rolls-Royce-Kestrel-Motors unterblieb aus Prestigegründen.

Die Lufthansa erhielt insgesamt 28 *He 70* geliefert. Über 200 Maschinen wurden als Aufklärungs- und leichte Bombenflugzeuge an die Luftwaffe geliefert. Insgesamt wurden 296 Maschinen des Typs gebaut. Hierin sind allerdings die nach Ungarn gelieferten *He 170* und die *He 270 V-1* enthalten. Wenig bekannt ist die Tatsache, daß auch eine Maschine der Serie *G* (zivil) als militärisches Reiseflugzeug nach Japan geliefert wurde.

Heinkel He 71 1933

Auf Initiative und unter Leitung des der Sportfliegerei verbundenen Heinkel-Direktors Lusser entstand 1933 in dreimonatiger Bauzeit das einsitzige Sportflugzeug *He 71*. Es sollte neben seinem eigentlichen Zweck als Sportflugzeug auch zur Umschulung und zum Training für Jagdflieger dienen. Für diesen Zweck

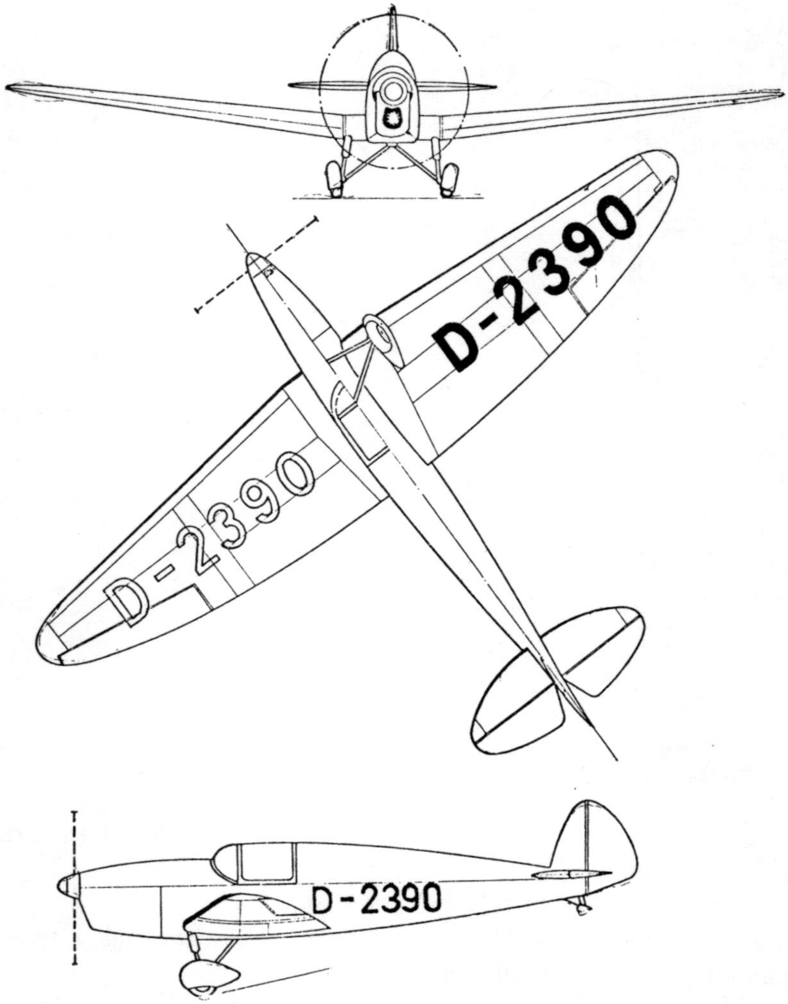

Heinkel He 71 b

wurden aber die *Ar 76* und die *Fw 56* eingesetzt. Die ursprünglich offene *He 71 a* wurde zum Kabinenflugzeug umgebaut, mit dem die bekannte Fliegerin Elli Beinhorn einige bemerkenswerte Langstreckenflüge durchführte. Besonders bekannt wurde ihr Afrikaflug mit der *He 71*. Ein Serienbau der *He 71* erfolgte nicht.

Heinkel He 72 Kadett 1933

Dieser zweisitzige Doppeldecker entstand 1933 im Auftrag des RLM, das ein robustes Flugzeug für die Anfangschulung wünschte. Bei der Erprobung zeigten sich die guten Flugeigenschaften sehr bald, so daß nach zweimonatiger Erprobung die *He 72* in Serie ging. Die erste Serie hatte noch den Argus As 8 B von 139 PS, wäh-

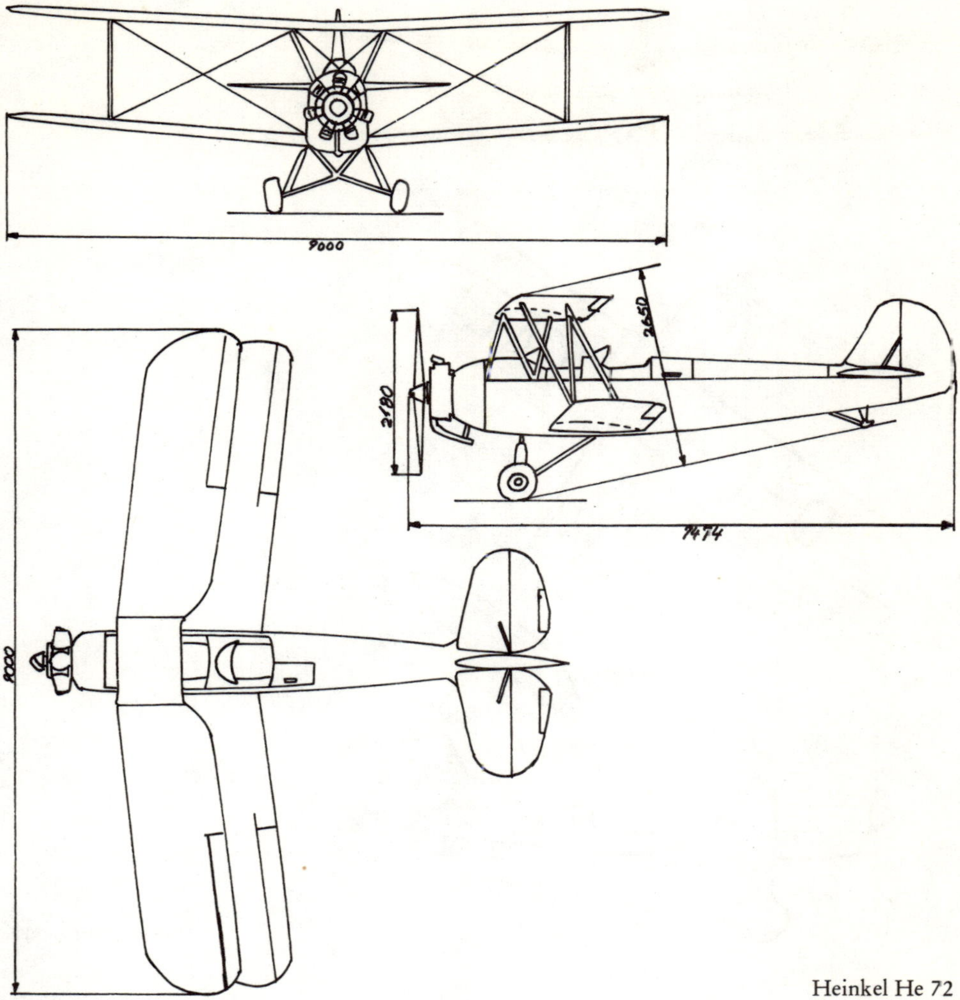

Heinkel He 72

rend die *He 72 B* den eigentlich vorgesehenen Sh 14 a von 160 PS erhielt. Dieser Motor war eine wesentlich verbesserte Weiterentwicklung des bewährten Siemens Sh 12. Von der *He 72 B* wurden mehrere Maschinen mit Schwimmerausrüstung als *He 72 BW* »Seekadett« ausgeliefert. Ein Flugzeug dieser Ausführung wurde durch seinen Einsatz auf einer deutschen Amazonasexpedition und den dabei entstandenen Film bekannt. Eine verbesserte Ausführung erhielt die Bezeichnung *He 72 B-2*. Dann wurden 20 Maschinen *B-2* mit Townend-Ring als *He 72 B-3* gebaut. Es folgte die *He 72 C* mit einem verbesserten Fahrwerk, während alle *He 72*, die an den verschiedenen Deutschlandflügen teilnahmen, als Version *D* bezeichnet wurden. Einige *He 72* überlebten den Zweiten Weltkrieg. Eine davon flog Mitte der fünfziger Jahre noch in der Tschechoslowakei.

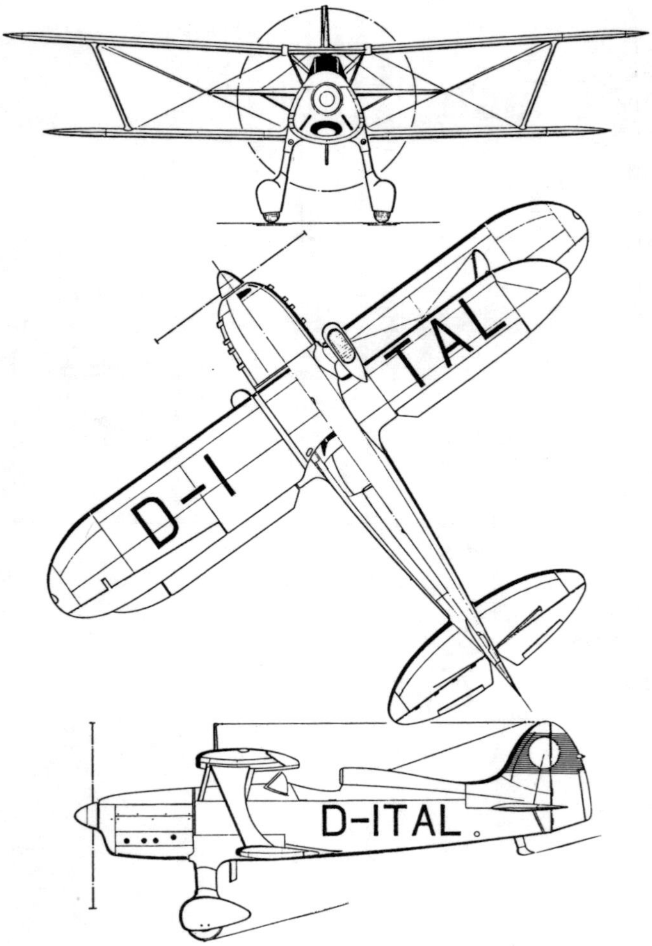

Heinkel He 74 b

Heinkel He 74 1933

Auf eine Ausschreibung des RLM für ein leichtes Jagd- und Jagdübungsflugzeug entwickelte Heinkel den Doppeldecker *He 74,* der in zwei leicht voneinander abweichenden Mustern hergestellt wurde. Als Triebwerk diente der Argus As 10 C von 240 PS. Bei der kleinen Serie von 5 Maschinen, die als *He 74 B* bezeichnet wurde, kam der As 10 E von 275 PS zum Einbau.

Heinkel He 100 1937/38

Am 22.1.1938 machte die *He 100 V-1* ihren Erstflug. Die Maschine sollte Heinkels Antwort auf die Ablehnung seiner *He 112* beim Jagdflugzeugwettbewerb,

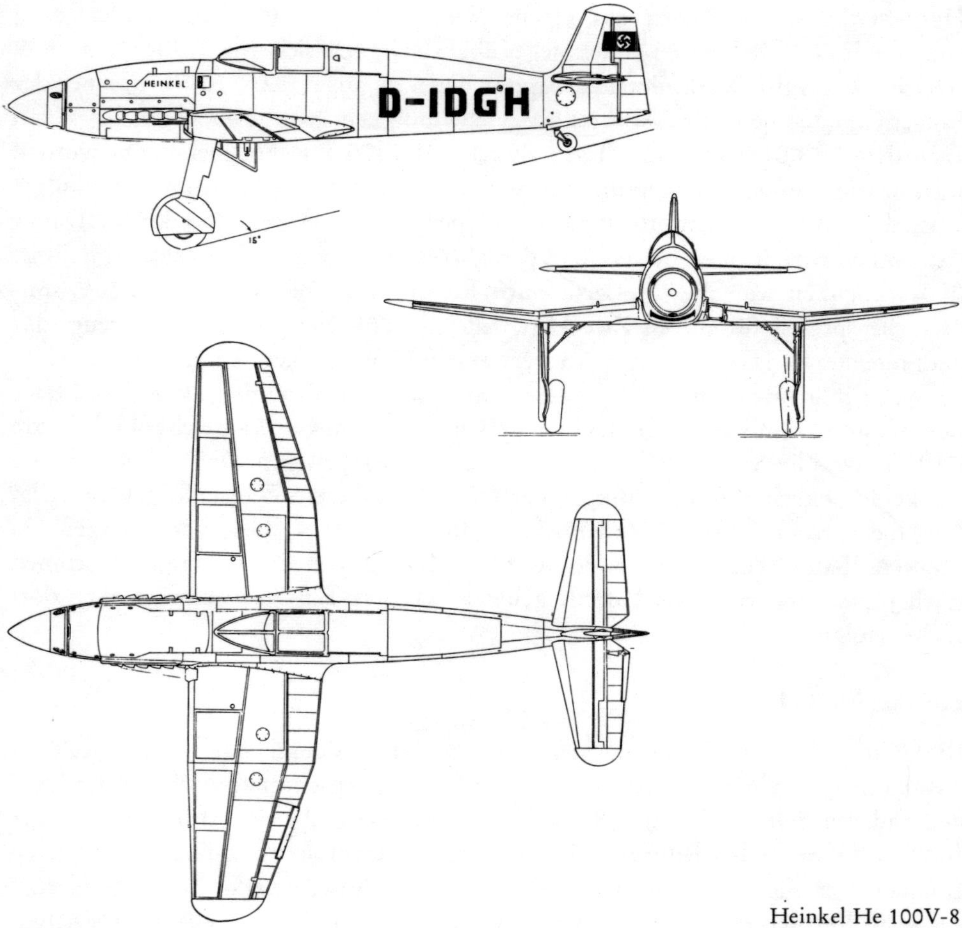

Heinkel He 100V-8

den die *Bf 109* gewonnen hatte, sein. Die hochgezüchtete Maschine zeigte zwar gute Leistungen, erwies sich aber als sehr anfällig für Störungen des Kühlungssystems. Die Entwicklung dieses neuen Flugzeugs stand unter der Verantwortung des neuen Heinkel-Mitarbeiters Prof. HERTEL und der Brüder GÜNTHER. Bei der *He 100 V-2* zeigten sich dieselben Schwierigkeiten wie bei der *V-1,* die inzwischen in Rechlin erprobt wurde. Daraufhin wurde der Bauchkühler der *V-2* vergrößert. Auf dieser Maschine führte dann anläßlich eines Besuches der General-Luftzeugmeister UDET einen Meßflug über der 100-km-Strecke durch und erreichte eine Rekordgeschwindigkeit von 634,73 km/h. Diese Leistung war mit einem normalen DB 601 A von 1100 PS erreicht worden. Dies geschah am 5.6.1938. Man wollte nun mit der *He 100 V-3* mit Hilfe einer verkleinerten Tragfläche und anderer Änderungen auf Rekordjagd gehen. Ein Bruch verhinderte diese Versuche.

HEINKEL hatte inzwischen auf eigene Verantwortung eine Vorserienfertigung anlaufen lassen, weil er sich seines Sieges über die *Bf 109* sicher war. Am 30.3.1939 erreichte dann der Werkpilot Flugkapitän Dieterle auf der *He 100 V-8*, einer der Vorserienmaschinen, die Weltrekordgeschwindigkeit von 746,4 km/h. Wenn auch der Db 601-Motor für diesen Zweck auf 1800 PS »hochgekitzelt« worden war, so war die Zelle doch immerhin eine bereits serienmäßig gebaute. Dann folgte kurz danach Messerschmitts Rekord auf der *Bf 109 R* mit 755 km/h. Damit hatte man offiziell einen Beweis, daß die *Bf 109* besser war als HEINKELS Maschine. In Wirklichkeit war aber Messerschmitts Rekordmaschine gar keine *Bf 109*, sondern die speziell für diesen Zweck gebaute *Me 209 V-1*, ein Rennflugzeug, das man niemals als Jagdflugzeug hätte verwenden können. Dazu kam, daß der *Heinkel-Rekord* in Meereshöhe, der Messerschmittrekord aber einige hundert Meter höher, also in dünneren Luftschichten geflogen worden war. In gleicher Höhe wäre die Geschwindigkeit beider Flugzeuge ziemlich gleich gewesen. Die *Bf 109* war aber auf keinen Fall in ihren Leistungen der *He 100* zu diesem Zeitpunkt gleichwertig. Und die Versuche, aus der *Me 209* ein Jagdflugzeug zu machen, waren vergeblich. HEINKEL baute seine kleine Serie als *He 100 D-o*, von denen einige Maschinen nach Japan, andere in die UdSSR geliefert wurden. Ein Serienbau ist auch dort nicht erfolgt.

Heinkel He 111   1937

Der Erfolg der *He 70* ließ bei der Lufthansa den Wunsch nach einer größeren zweimotorigen Verkehrsmaschine mit ähnlichen Eigenschaften wach werden. Auf der anderen Seite suchte das RLM, da die Versuche mit der Militärversion der Junkers *Ju 86* unbefriedigend verliefen, nach einem leistungsfähigen mittleren Bomber. Aus diesen Gründen baute HEINKEL nach Entwürfen der Brüder GÜNTHER die erste Versuchsmaschine des neuen Typs als Bomber, die zweite als Verkehrsflugzeug. Beide Ausführungen befriedigten, jedoch wurde von den zivilen Ausführungen *C* und *G* insgesamt nur zwölf Maschinen gebaut und an die Lufthansa ausgeliefert. Diese waren bis auf zwei alle mit dem BMW VI 6,0 ZU ausgerüstet, die beiden restlichen mit Sternmotoren BMW 132 Dc und H. Es handelte sich um sogenannte Schnellwechseltriebwerke, die komplett mit Verkleidung binnen kürzester Zeit ausgewechselt werden konnten. Diese Triebwerke kamen auch bei Junkers *Ju 90* zum Einbau.

Die *He 111 V-1* war bereits als Bomber ausgelegt gewesen. Prototyp für die *A-O-Serie* wurde jedoch die *V-3*. Die weitere Entwicklung der *He 111* ist aus der folgenden Aufstellung zu ersehen:

He 111 V-3, D-ALES, Musterflugzeug *für A-o Serie*, 1936
A-o BMW VI, 6.0Z 2 x 650 PS, 3 MG 15, 1000 kg Bomben. Nur 10 Maschinen gebaut und alle an China geliefert
V-5, D-APYS, Musterflugzeug für *B-Serie*
B-o Vorserie ging sofort in Serie über
B-1 300 Maschinen gebaut ab Januar 1937, 2 x DB 600 A

B-2 ähnlich *B-1*, aber DB 600, CG, 2 x 950 PS
D-0 nur wenige Maschinen gebaut, DB 600 Ga
E-1 ähnlich *V-5*, aber Jumo 211 A-1 2 x 960 PS
E-3 verbesserte Ausführung der *E-1*, Großserie
V-6 D-AXOH, Versuchsträger für Jumo-Triebwerke
V-9 D-AQOX, Musterflugzeug für *D-Serie*
V-10, D-ALEQ, Musterflugzeug für *E-Serie*
E-4 und *E-5* ähnlich *E-3* nur andere Bombenaufhängungen
V-17, D-AHAY, Versuchsträger für erweiterte Tankanlage und Bombenaufhängung
V-11, D-ARCG, Musterflugzeug für *F-Serie*
F-1, 30 Flugzeuge gebaut für die Türkei
F-4, 40 Flugzeuge für Luftwaffe mit geänderter Abgasanlage
V-18, D-ADUM, Musterflugzeug für *J-1 Serie*
J-1, 90 Maschinen gebaut, Torpedobomber, nicht zum Einsatz gekommen, nur als Versuchsträger für Lenkwaffen
V-8, D-AQUO, Versuchsträger für neue Rumpfausführung
V-23, D-ACBH, Versuchsträger für neue B- und C-Stände
V-7, D-AUKY, endgültige Ausführung des Musterflugzeugs für *H-* und *P-Serien*
P-0, Vorserie Herbst 1938
P-1, Frühjahr 1939
P-2, Sommer 1939, FuG 10 statt FuG 3
P-3, Übungsbomber mit Doppelsteuerung, Herbst 1939
P-4, verstärkte Panzerung und 2 MG 15 extra, alle *P-Versionen* bis *P-4* mit DB 601 Aa
P-6, DB 601 N, Auslieferung bis Sommer 1940
V-19, Umbau der *V-7* mit Jumo 211
H-1, wie *P-1* aber mit Jumo 211 A-1, kleine Serie
H-2, wie *P-2*, aber mit Jumo 211 A-2, kleine Serie
H-3, ab November 1939, Großserie, Jumo 211–1, 2 x 1200 PS. Bewaffnung 4–6 MG 15.
H-4, kleine Serie, erste Ausführung mit Außen-Bombenträgern (PVC), als Torpedobomber verwendet.
H-5, ähnlich *H-4*, aber vergrößerte Bombenlast und Tankraum, VDM-Luftschrauben.
H-6, Großserie ab 1941. Junkers-Luftschrauben, 2500 kg Bomben, 5 MG 15 und starres Heck-MG 17, 1 MG/FF im Bug.
H-8 Sonderausführung zum Abschneiden von Sperrballonen. Bewährte sich nicht im Einsatz. Umbau zu
H-8/R 2 für Starrschlepp von Lastenseglern
H-10 verstärkte Panzerung, verkleinerte Bombenlast (2000 kg) Kuto-Nase. Kleine Serie 1942
H-11, verbesserte Ausführung der *H-10* mit geschlossenem B-Stand (MG 131), C-Stand mit MG 81 Z
H-11/R 2 Starrschlepp von Lastenseglern
H-12, Kein C-Stand, Träger für zwei Hs 293, Gleitbomben
H-14, 30 Maschinen gebaut, Pfadfinder für Bomberverbände
H-14/R 2 Starrschlepp von Lastenseglern, Ost-Einsatz
H-15 geplant als Träger für drei Bv 246 Gleitbomben. Da diese nicht serienreif, Einsatz als Nachtbomber mit normalen PVC.
H-16, Großserie, ab Herbst 1942; ähnlich *H-11*, aber *Jumo 211 F-2*, 2 x 1350 PS. Erreichte mit 1000 kg Bomben 2900 km, trug aber bei kurzer Reichweite bis zu 3250 kg.
H-16/R 1 B-Stand: MG 131 Drehturm,
H-16 R-2 Starrschlepp von Lastenseglern
H-16/U 1 und *U 2* geänderte Bombenanlage
H-18 war eine Pfadfinder-Ausführung ähnlich *H-16/R 3*, aber mit verstärkter Funkausrüstung
H-20 in vier Ausführungen gebaut:
H-20/R 1 Transporter für 16 Fallschirmjäger

Heinkel He 111 C

H-20/R 2 diente als Starrschlepp für Lastensegler

H-20/R 3, 1944 gebaut, ähnlich *R/2*, aber Nachtbomber für maximal 3000 kg Bombenlast

H-20/R 4, ähnlich *R 3*, aber nur 20 Bomben je 50 kg an Außenträgern

H-21, wie H-20 aber mit Jumo 213 E-1, 2 x 1750 PS

H-22, Träger für FZG 76 (V 1)lenkbombe, nur kleine Serie

H-23, Transporter für acht Fallschirmjäger, wurde an die Slovakei geliefert, ein Teil später zu Bombern umgebaut

V-32: Musterflugzeug für geplante, aber nicht gebaute Höhenbomber-Ausführung. Triebwerk: 2 Daimler-Benz DB 601 U mit Turbolader TK 9 AC, Einbau und Kühleranordnung ähnlich *Ju 88 A*. Umbau aus *He 111 H-6*

Z-1 Schleppflugzeug für Lastensegler *Me 321* oder zwei *Go 242*. Zusammenbau von zwei *He 111 H-6* unter Verwendung eines Verbindungsflügelteils mit einem fünften Motor

Z-2 Langstreckenbomber, Aufbau wie *Z-1* jedoch Bombenlast: 4 x SC 1800 oder 6 x SD 1000 oder 4 x HS 293 Gleitbomben

Z-3 (nur Projekt) Fernerkunder, Reichweite fast 4500 km.

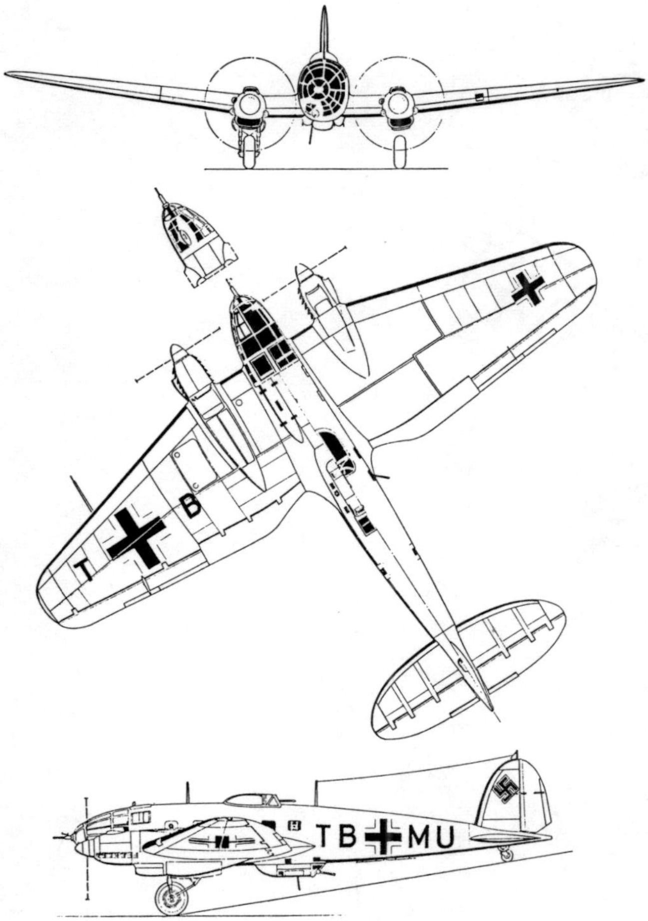

Heinkel He 111H-16

Heinkel He 112 1934/35

Nach der Ausschreibung des RLM im Jahre 1934, für einen Nachfolgejäger für die inzwischen veralteten *Ar 68* und *He 51,* entwickelte Heinkel unter der Leitung von Prof. Hertel den Jagdeinsitzer *He 112.* Konkurrenten waren Focke-Wulf *Fw 159,* Arado *Ar 80* und Messerschmitt *Bf 109.* Alle vier Baumuster waren mit englischen Rolls-Royce-»Kestrel«-Motoren ausgerüstet, da zu diesem Zeitpunkt noch keine entsprechenden deutschen Motoren zur Verfügung standen. Die Entscheidung fiel zugunsten der *Bf 109.* Prof. Hertel entwickelte trotzdem noch weitere neun verschiedene Versuchsmuster. Von dem Musterflugzeug *V-9* wurde dann eine kleine Serie gebaut, die *B-1,* von der zwölf Maschinen nach Rumänien gingen. Einige Maschinen sind auch in Spanien geflogen worden, zumindest eine ging nach Japan.

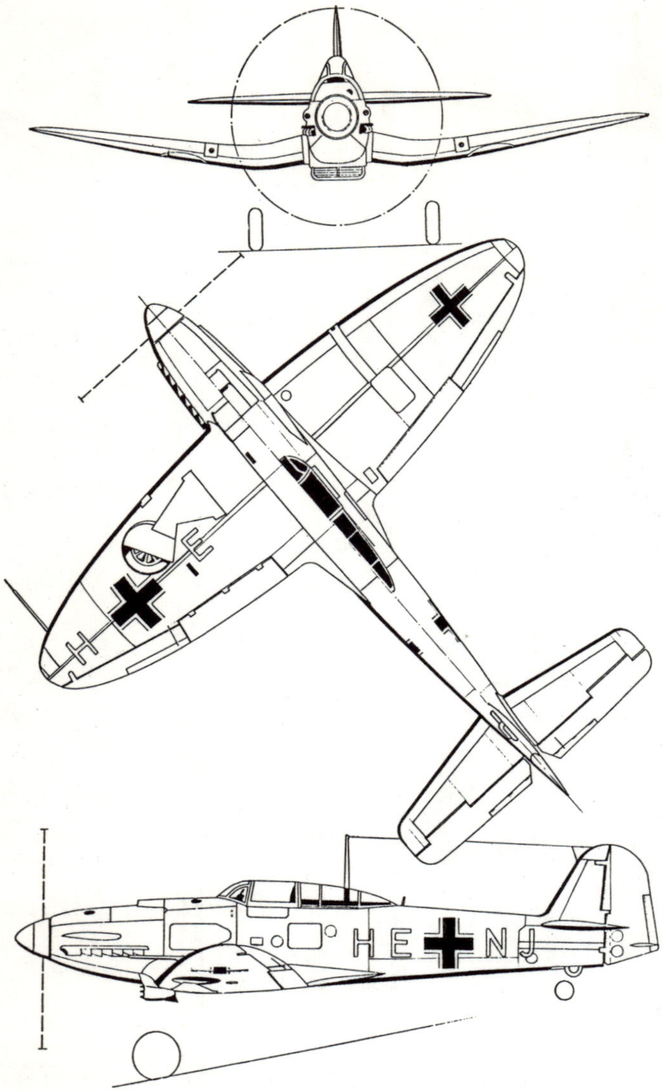

Heinkel He 112 B

Heinkel He 113 1938

Diese Bezeichnung wurde von der deutschen Propaganda für die wenigen *He 100 D-O* verwendet, die mit fingierten Abzeichen u. a. auch als neuer deutscher Nachtjäger in der Presse veröffentlicht wurde. Tatsächlich hat es in Deutschland nie eine *He 113* gegeben. Interessant ist jedoch, daß in Japan auf Grund der

附圖第四　　He 113推進機関関係圖

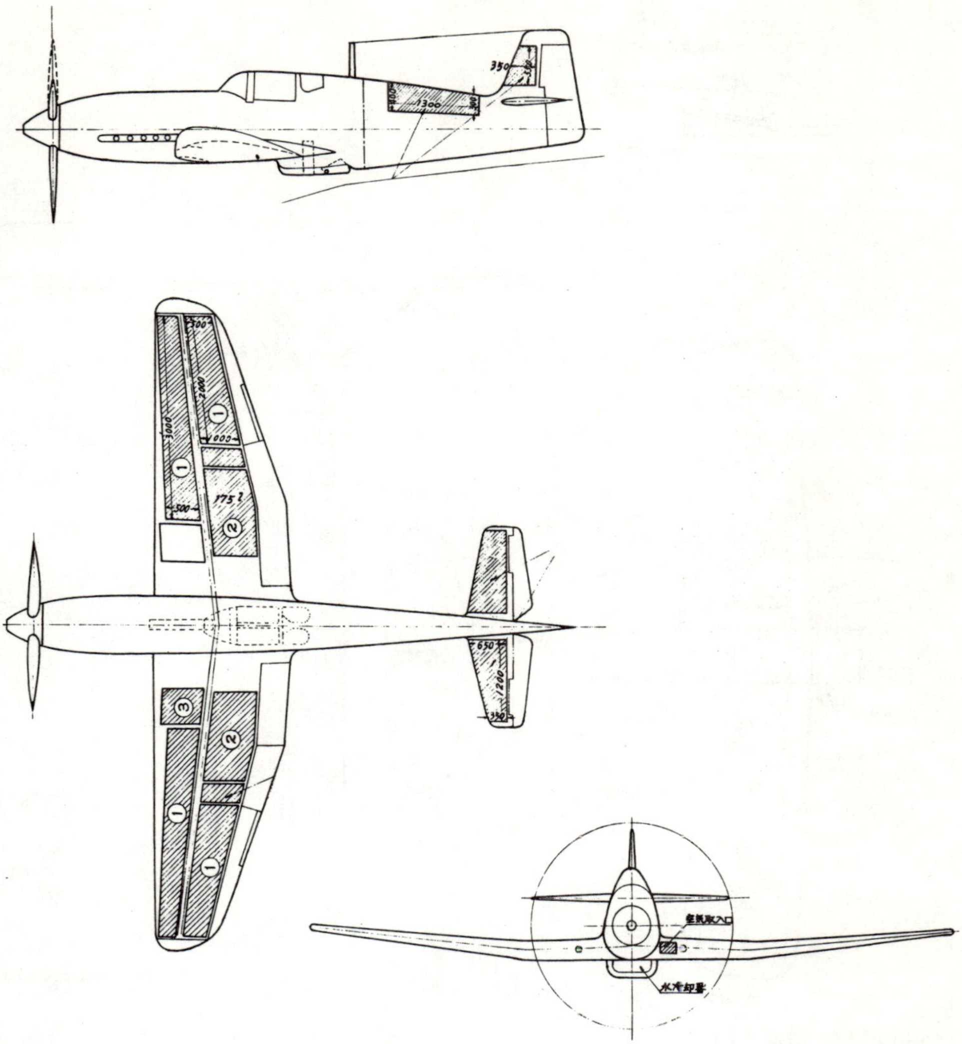

dorthin gelieferten *He 100 D* an der Entwicklung eines Jägers *He 113* gearbeitet wurde. Die Maschine sollte mit einem in Japan nachgebauten *DB 601* (jap. Bezeichnung Ha-40) von 1175 PS und einer Bewaffnung von zwei 7,72 mm MG's und zwei 2-cm-Kanonen in den Flächen ausgerüstet werden. Da sich die Versuche mit dem von Kawasaki gebauten Jäger *Ki 61* »Hien«, der mit dem gleichen Motor ausgerüstet war, erfolgreich gestalteten, wurde das Projekt *He 113* fallengelassen.

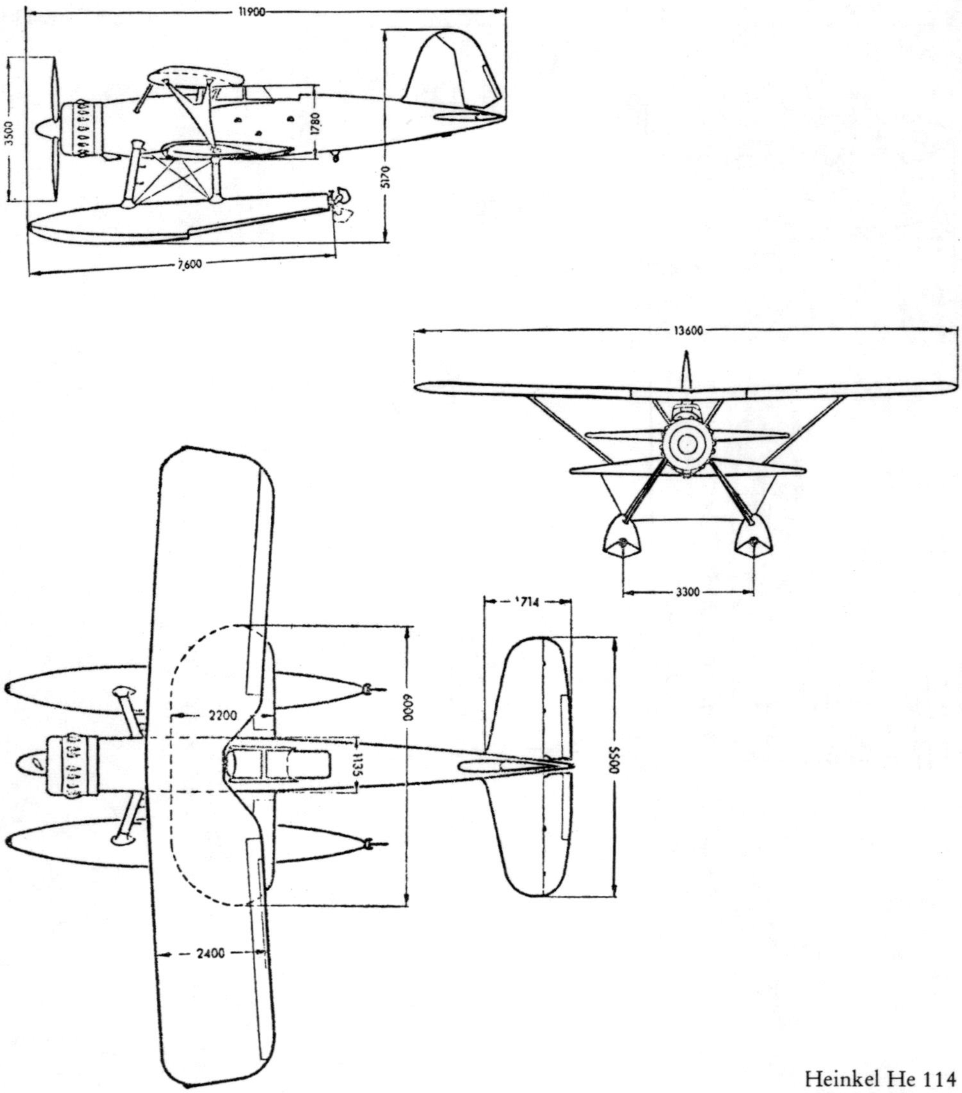

Heinkel He 114

Heinkel He 114 1937

Im Auftrage des RLM entstand 1937 als Nachfolger der *He 60* der katapultfähige Anderthalbdecker *He 114*. Die ersten beiden Versuchsmaschinen waren mit Reihenmotoren, *V-1* mit dem DB 600 von 950 PS, *V-2* mit dem schwächeren Jumo 210 von 680 PS ausgerüstet. Prototyp für die Serienausführung wurde aber die *V-4*, die als Triebwerk den BMW 132 K von 830 PS hatte. Die Bewaffnung bestand aus einem MG 15. Die Maschine wurde nur in kleinen Stückzahlen gebaut, da die Marine mit den Leistungen nicht zufrieden war. Von den wenigen Maschi-

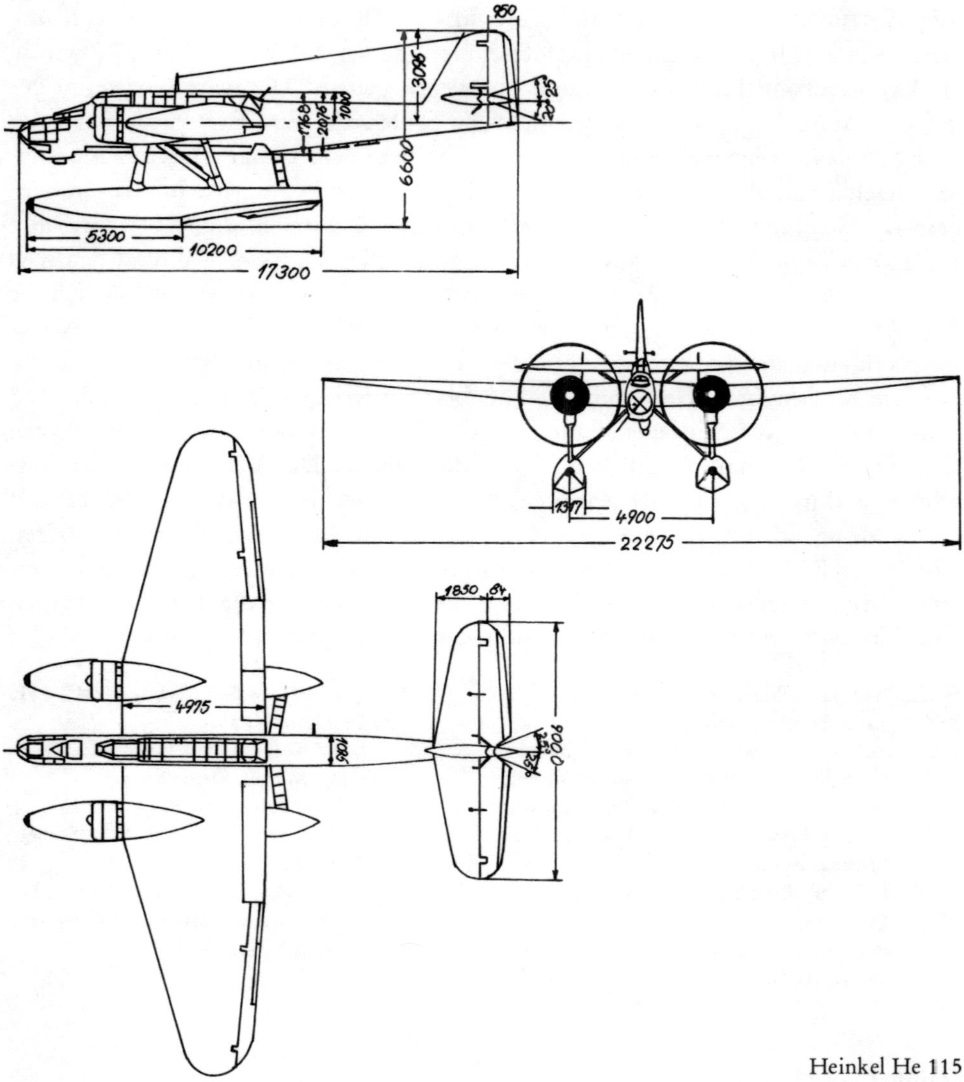

Heinkel He 115

nen gingen einige nach Schweden, weitere nach Rumänien und der Rest nach Finnland. Einige Maschinen waren als Bordflugzeuge auf Hilfskreuzern eingesetzt, deren Kommandanten sich über die Unzuverlässigkeit der *He 114* wiederholt beklagt haben.

Heinkel He 115 1937

Die *He 115* wurde als Nachfolgemuster der veralteten *He 59* als schnelles Kampf- und Bombenflugzeug für Operationen über See entwickelt. Nach Erprobung von vier Versuchsmustern erhielt die Luftwaffe 1938 die erste Vorserie von zen *He 115 A-o*. Als Torpedoflugzeug folgte dann die *Serie A-1*. Die *Serie A-2* wurde als Exportversion für Schweden und Norwegen gebaut. Die nach Norwegen gelieferten Maschinen hatten unterschiedliche Schicksale. Ein Teil wurde nach der Besetzung Norwegens von der Luftwaffe übernommen. Einige Maschinen entkamen nach England und wurden von der Royal Air Force im Mittelmeerraum eingesetzt. Während der Norwegen-Operation 1940 setzten die Norweger ihre *He 115 A-2* zu Angriffen auf die deutschen Landeplätze ein, während deutsche *He 115 A-1* die Landetruppen beim Angriff unterstützten. Besonders hat sich die *He 115* als Minenleger vor der englischen Küste bewährt. Für Einsätze im Nordmeer erhielten die Schwimmer besondere Eiskufen, die auch Start und Landung auf dem Eis erlaubten. Der größte Teil der bis zum Kriegsende eingesetzten *He 115* waren aus den verschiedenen Baureihen der *B-Serie*. Neben den Mineneinsätzen flog die *He 115* hauptsächlich als Torpedoflugzeug. Die Vielseitigkeit der Maschine sei durch ein Beispiel bewiesen: Für eine Maschine an der Nordmeerfront wurde dringend ein Schwimmer gebraucht, da die Maschine einen der ihrigen schwer beschädigt hatte. Eine Schwestermaschine flog in die Heimat, ein Schwimmer wurde an der Torpedo-Aufhängung befestigt. So flog die Maschine zurück zum Einsatzhafen, wo die Reparatur nun sofort durchgeführt werden konnte.

He 115 A-0, zehn Maschinen gebaut, Juli 1938 an Luftwaffe geliefert
A-2, 6 Maschinen für Norwegen und 10 für Schweden gebaut, ohne Bewaffnung
A-1, 34 Maschinen 1939 für Luftwaffe
A-3, verbesserte Funk- und Bombenausrüstung, Ende 1939
B-0, vergrößerte Reichweite, einfacheres Leitwerk
B-1, wie *B-0*, 52 Maschinen 1939 ausgeliefert. Teilweise mit Eiskufe als *B-2*
C-1, verstärkte Bewaffnung: 1 MG 151, 2 MG 17, 1 MG 15.
C-2, wie *C-1*, aber mit Eiskufen
C-3, Minenleger, kleine Serie
C-4, Torpedobomber, nur 1 MG 15
He 115 PP + ND, mit BMW 801 MA, Schneller Aufklärer
E-1, verstärkte Bewaffnung: 1 MG 151/20, 1 MG 15 und 1 MG 81 Z. Verbesserte Funkausrüstung

Heinkel He 116   1937

Auf Grund einer Forderung der Lufthansa nach einem Langstrecken-Postflugzeug entwickelte man bei Heinkel nach einem Entwurf Siegfried Günthers die *He 116*. Als Triebwerk waren vier Hirth 508 C von je 270 PS vorgesehen. Bei der Erprobung zeigte die Maschine sehr gute Flugeigenschaften, so daß man in Japan interessiert wurde. Zwei *He 116 A* wurden von der die Strecken nach der Mandschurei befliegenden Manshu Koku Kabushiki Kaisha angekauft. Für den Versuch den Langstreckenweltrekord zu erobern wurde eine *He 116* mit einem um 3 m Spannweite vergrößerten Tragwerk gebaut. Diese Maschine erhielt HM 508 H-Motoren von je 240 PS. Nach einem vergeblichen Versuch startete die *D-ARFD*

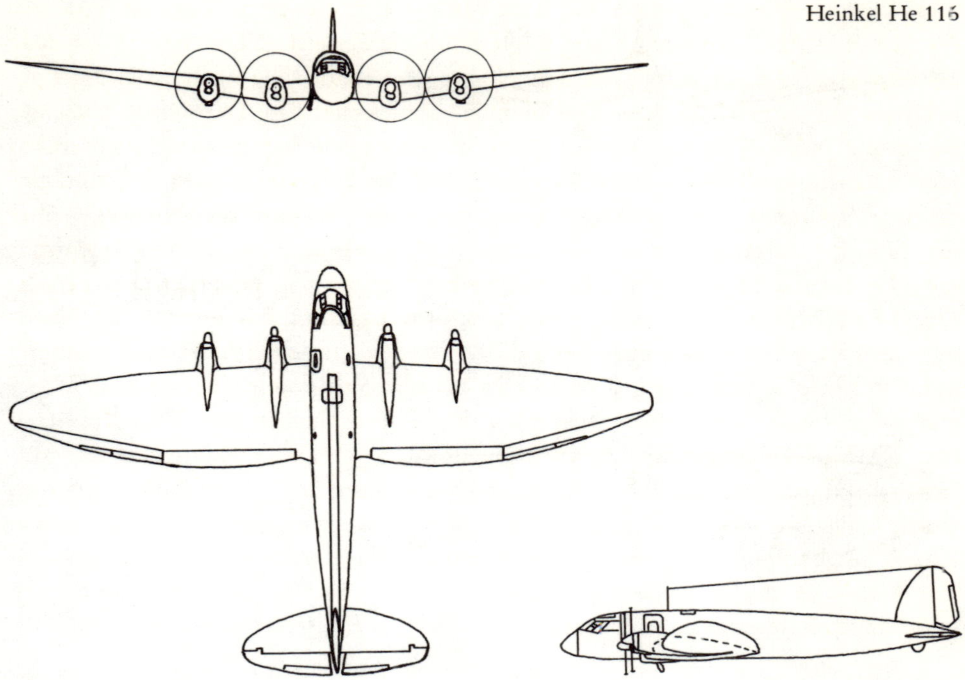

»Rostock« am 30.7.1938 zu einem zweiten Versuch. In geschlossener Bahn flog die Maschine die Strecke von 10000 km ohne Nachtanken in 46 Std. 18 Minuten, was einer Durchschnittsgeschwindigkeit von 216 km/h entsprach. Zwei der Lufthansamaschinen wurden für militärische Zwecke als Langstreckenaufklärer umgebaut und erhielten u. a. eine Vollsichtkanzel ähnlich der der *He 111*. Da die so entstandene *He 116 B* für militärische Zwecke wegen ihrer schwachen Triebwerke nicht befriedigte, wurde die Entwicklung 1939 abgebrochen. Eine dieser Maschinen war 1942 im Luftfahrt-Museum in Berlin am Lehrter Bahnhof ausgestellt, wo sie später durch Bomben zerstört wurde. Insgesamt sind vierzehn *He 116* gebaut worden, davon sechs für die Lufthansa, zwei für Japan, der Rest für die Luftwaffe.

Heinkel He 118 1937/38

Für die Ausschreibung des RLM für ein Sturzkampfflugzeug, an der sich Junkers mit der *Ju 87*, Blohm & Voss mit der *Ha 137* und Arado mit dem Doppeldecker *Ar 81* beteiligten, entwickelte Heinkel die *He 118*. Sie war, wie die anderen Bewerber, mit dem englischen Rolls-Royce »Bussard«-Motor ausgerüstet. Die *He 118* war von den vier Maschinen der modernste Entwurf. Das war aber ihr Verderb,

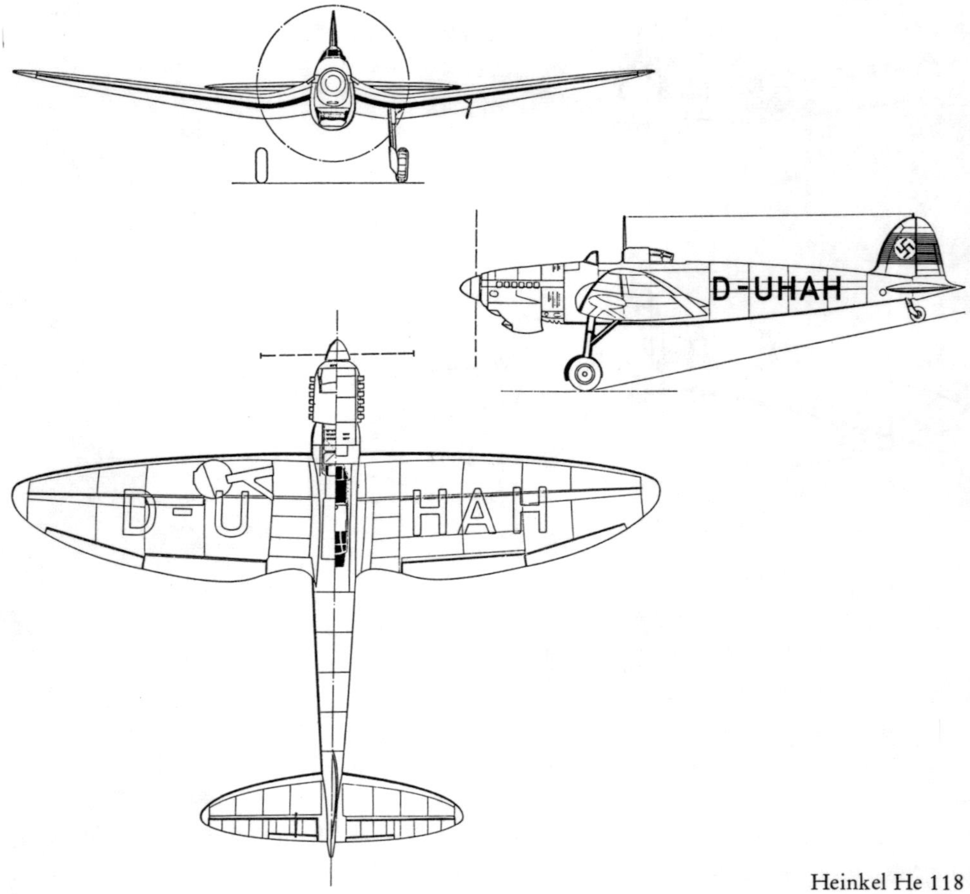

Heinkel He 118

da die Mechanik der Verstellschraube noch nicht einwandfrei funktionierte und später UDET sogar deshalb mit der *He 118 V-1* einen Totalbruch hinlegte. Damit war das Schicksal dieser hervorragenden Maschine besiegelt. Neben vier Versuchsmustern wurde nur eine *A-o-Serie* von acht Maschinen gebaut. Diese Vorserie war mit DB 600 von 950 PS ausgestattet. Zwei Maschinen gingen nach Japan an Aichi, trotzdem fand dort kein Nachbau statt. Eine Maschine diente als Erprobungsträger für das HEINKEL Strahltriebwerk *He S 3 A*.

Heinkel He 119 1937

Im Jahre 1936 begannen die Brüder GÜNTHER an dem Projekt eines schnellen Aufklärungsflugzeuges zu arbeiten, eine Verwendung als Bomber wurde erst später erwogen, das eine völlig neue Konzeption im Flugzeugbau darstellte.

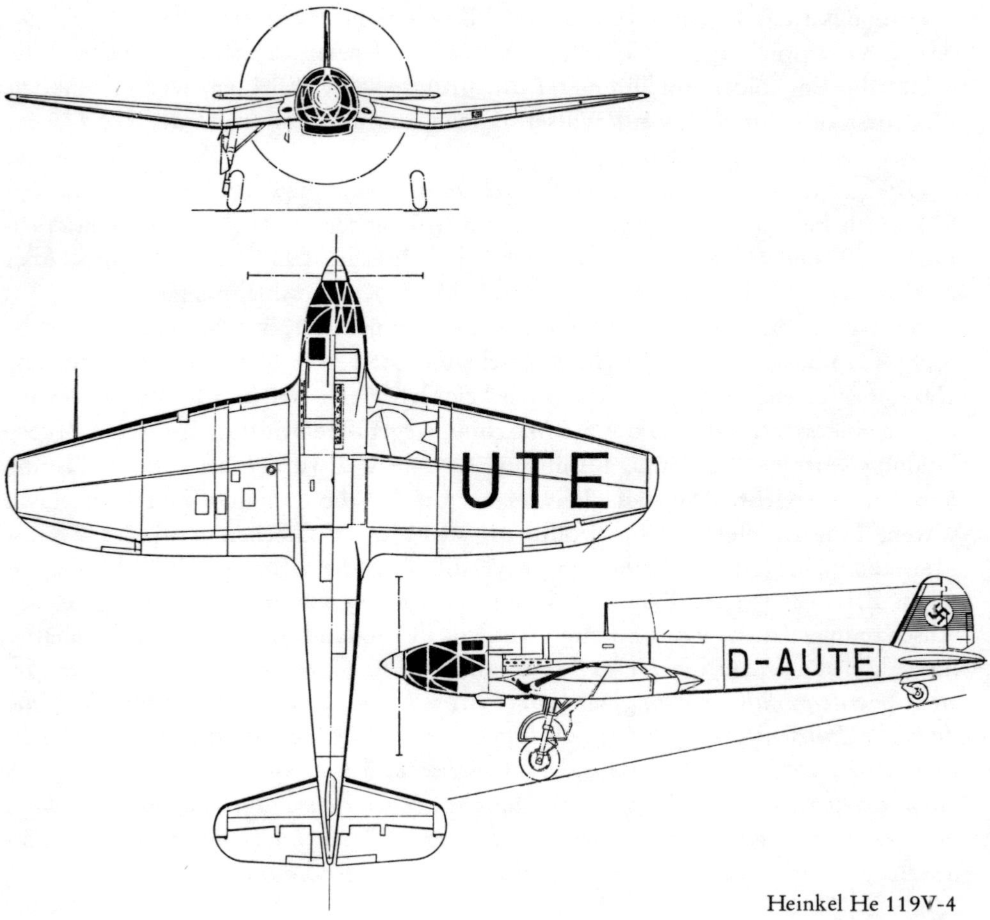

Heinkel He 119V-4

Heinkel ließ dieses Projekt unter größter Geheimhaltung bearbeiten, vor allen Dingen hielt er es vor dem RLM geheim, denn er wußte genau, daß ein solch revolutionärer Entwurf dort niemals Billigung finden würde. Es handelte sich um einen Tiefdecker, der in der Silhouette der *He 118* schwach ähnelte, jedoch erhielt er als Triebwerk den Doppelmotor DB 606 von 2350 PS. Das Triebwerk war im Rumpf hinter der zweisitzigen Kabine eingebaut, die vollkommen verglast war. Die Luftschraube von 4,30 m Durchmesser wurde über eine Ferntriebwelle angetrieben. Da die vorgesehene Oberflächenkühlung nicht ausreichte, wurde ein einziehbarer Bauchkühler installiert. Das wegen der Luftschraube sehr hohe Fahrwerk konnte teleskopartig zusammengeschoben und dann vollkommen in die Fläche eingezogen werden. Als man die Maschine, die schon während der ersten Erprobungsflüge erstaunliche Leistungen zeigte, den überraschten Herren des RLM vorführte, trat das Gegenteil der von Heinkel erwarteten Wirkung ein. Die

Maschine hatte ja keinerlei Bewaffnung! Es wiederholte sich dasselbe, was sich bei der *Ju 88* abspielte: Der Gedanke eines unbewaffneten Schnellbombers, wie ihn später die Engländer mit ihrer *DH 98 Moskito* verwirklichten, war undenkbar. Man bestand beim RLM auf Waffenständen, die die Leistungen der *He 119* erheblich herabgesetzt hätten.

Die zweite Versuchsmaschine flog ebenfalls ohne Bewaffnung und war mit 575 km/h bei voller Beladung um 50 km/h schneller als alle anderen deutschen Flugzeuge. Die *He 119 V-3* kam bereits im Oktober 1937 auf 590 km/h. Aber da sie unbewaffnet war, verfiel sie beim RLM wieder der Ablehnung.

Am 22.11.1937 erreichte die *He 119 V-4* auf der 1000-km-Strecke Hamburg–Stolp–Hamburg eine Durchschnittsgeschwindigkeit von 504,988 km/h. Anfang Dezember erreichte dieselbe Maschine bei Meßflügen 620 km/h! Bei einem erneuten Rekordversuch machte die Maschine wegen Treibstoffmangels eine Bruchlandung. Mit der Schwimmerausführung *He 119 V-5* wurden bei voller Belastung 570 km/h erreicht. Alle diese Leistungen, die für die damalige Zeit überragend waren, nutzten nichts. Man wollte im RLM nicht zugeben, daß der Zivilist HEINKEL mehr von Militärflugzeugen verstand als die Offiziere, die ihre fliegerischen Erfahrungen im Ersten Weltkrieg gesammelt hatten und sich von diesen Anschauungen nicht lösen konnten. In dem in England unter Verschluß gehaltenen Aktenstück über die *He 119* steht am Schluß: *»Zurückschauend muß festgestellt werden, daß eine unglaubliche Kurzsichtigkeit im RLM verhinderte, die deutsche Luftwaffe bereits vor Ausbruch des 2. Weltkrieges mit einem Schnellbomber auszurüsten, der mit seiner Geschwindigkeit von mehr als 550 km/h allen existierenden Jagdflugzeugen davongeflogen wäre und ungehindert über gegnerischem Gebiet hätte operieren können. Dieses vielleicht geheimste aller deutschen Flugzeuge war unserer Moskito um mehr als drei Jahre voraus.«*

Heinkel He 162 1944

Die ersten Strahlflugzeuge *Me 262* und *Ar 234* hatten sich zwar im Frontbetrieb hervorragend bewährt, jedoch stellte ihr hoher Treibstoffverbrauch 1944 ein ernstes Problem dar. Die Folge war der Wunsch des RLM nach einem Strahljäger mit nur einem Triebwerk. Unter Siegfried GÜNTHERS Leitung wurde daraufhin bei HEINKEL das Projekt *P 1073* ausgearbeitet und vom RLM genehmigt. Ursprünglich sollte die Maschine die Bezeichnung *He 500* erhalten, dies wurde aber Oktober 1944 in *He 162* geändert. Obwohl der RLM-Auftrag erst am 15.9.44 erteilt wurde, konnte HEINKEL das erste Versuchsmuster *He 162 V-1* am 6.12.44 fertig melden. Im Januar sollte die Serienproduktion beginnen. Eine Ausbringung von 1000 auf 2000 steigend pro Monat war geplant. Zu diesem Zeitpunkt reine Phantasie! Um dem Pilotenmangel vorzubeugen, sollten Mitglieder der Flieger-HJ vom NSFK unter Leitung des Generaloberst KELLER vorgeschult werden. Zu diesem Zweck wurden *He 162* ohne Triebwerk von *Bf 110* geschleppt. Diese Ausbildung sollte in der Segelfliegerschule Trebbin, südlich von Berlin erfolgen. Dazu

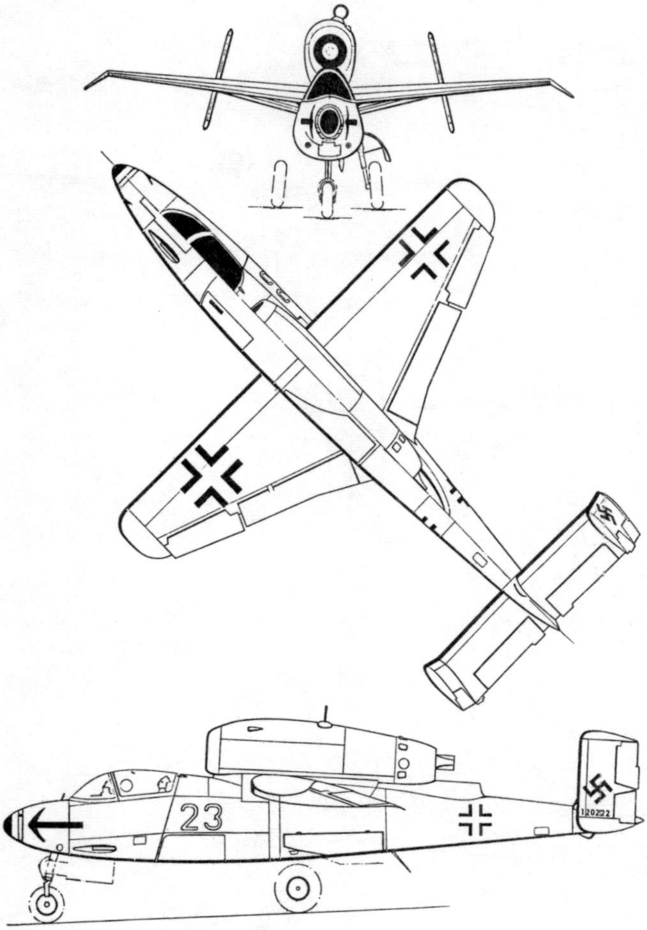

Heinkel He 162A-1

kam es nie. Beim ersten Versuchsflug stürzte der Einflieger Chefpilot PETER mit der *He 162 V-1* tödlich ab. Grund war eine schlechte Verleimung der Flächennase gewesen. Trotzdem begann die Serienfertigung termingemäß. Diese wurde in einem unterirdischen Werk bei Wien durchgeführt, litt aber stark unter der Störung der Verbindungswege zu den Zulieferanten durch Tiefflieger. Trotzdem wurden bis zum Zusammenbruch noch 100 Maschinen fertiggestellt. Nach dem Ende der Feindseligkeiten wurde die *He 162* in USA und England eingehend getestet und erhielt durchgehend gute Beurteilungen. Eine *He 162* existiert heute noch im Imperial War Museum in London, eine zweite im Air Museum in Ontario, Kalifornien, USA. Von der *He 162* wurden noch Versionen mit *Heinkel He 011* Turbine, sowie mit ein und zwei *Argus-Schubrohren* geplant. Zur Durchführung dieser Projekte kam es nicht mehr. Während die ersten *He 162* mit der BMW 003 Turbine ausgerüstet wurden, kam später das leistungsstärkere Jumo 004 Triebwerk zum Einbau.

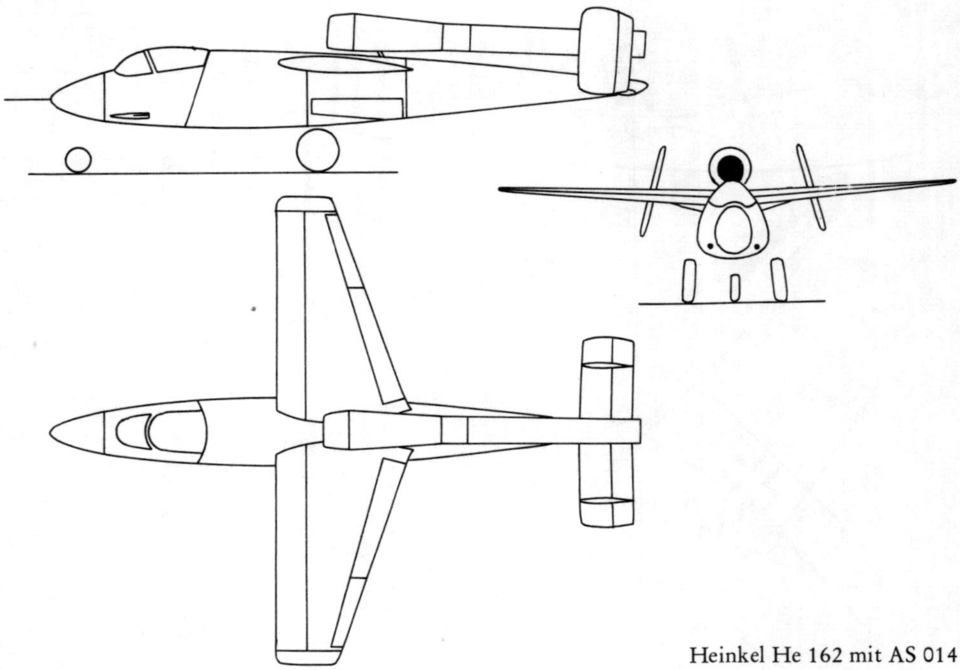

Heinkel He 162 mit AS 014

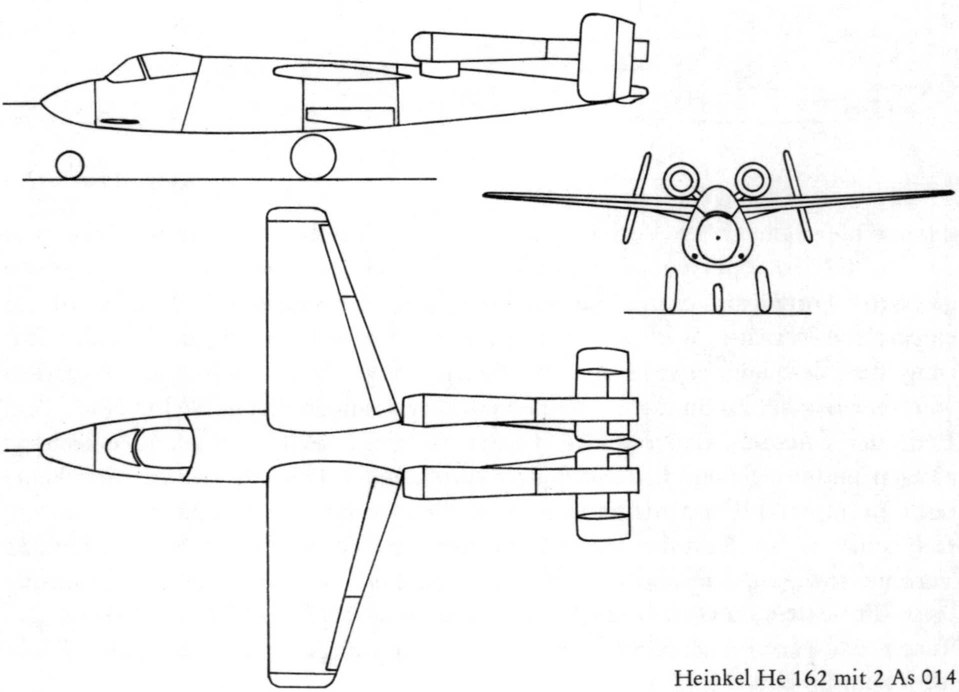

Heinkel He 162 mit 2 As 014

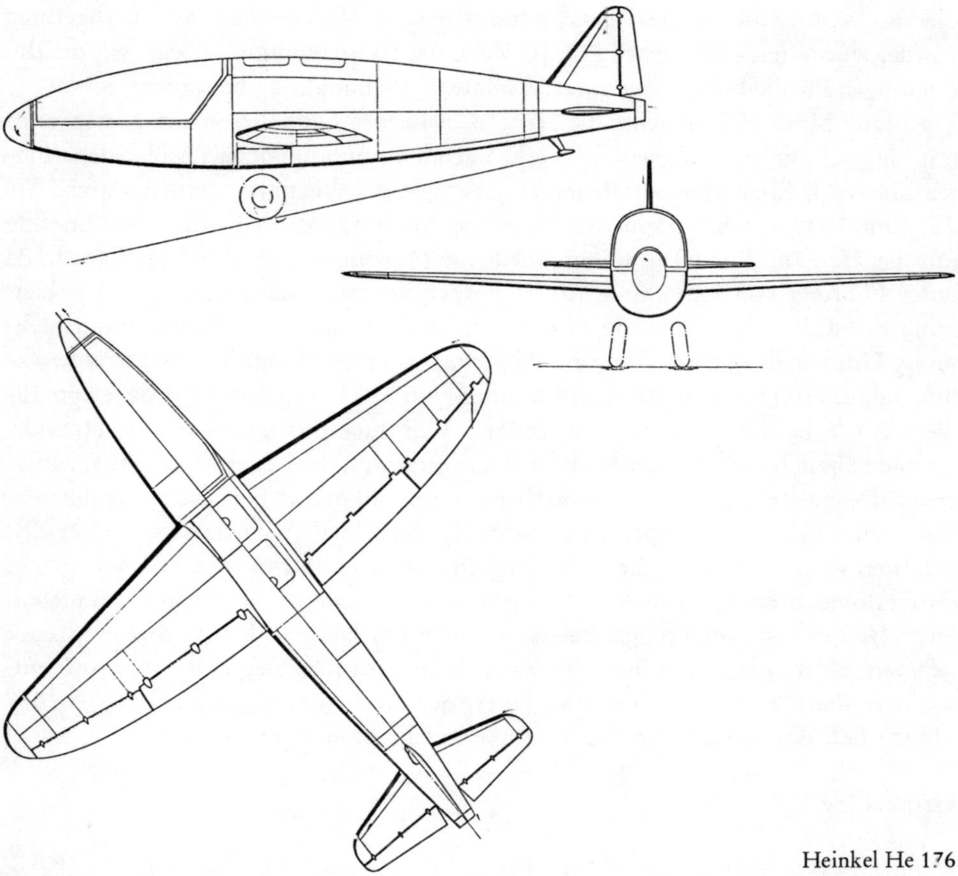

Heinkel He 176

Heinkel He 176 1939

Wernher von Braun, damals noch ein unbekannter Ingenieur des Heeres-Waffenamtes, experimentierte im Jahre 1935 bereits mit Raketentriebwerken für Flugzeuge. Heinkel überließ ihm für derartige Versuche den Rumpf einer *H 112*, der aber bei Explosion der Brennkammer verlorenging. Versuche mit kompletten *He 112*-Zellen brachten 1937 den gewünschten Erfolg, als eine mit Kolbenmotor fliegende *He 112* das Raketentriebwerk aktivierte und den Kolbenmotor abstellte. Heinkel war nun von den Möglichkeiten des Raketentriebwerks überzeugt und ließ nun eine für das von Braun entwickelte Raketentriebwerk bestimmte Flugzelle bauen. Die Entwicklung lief unter der Bezeichnung *He 176*. Aber von Braun entwickelte sein Triebwerk nunmehr zu Starthilfen für Flugzeuge (RATO). Die Firma Walter in Kiel entwickelte nun regelbare Raketentriebwerke, die speziell für den Einbau in Flugzeugzellen gedacht waren. Die Entwicklung der *He 176*, die im Werk Rostock-Marienehe unter strengster Geheimhaltung durchgeführt wurde, wurde nach Fertigstellung der Zelle nach Peenemünde verlegt, wo die Bedingungen für die Erprobung unter absoluter Geheimhaltung besser waren.

Anfang März 1939 machte die *He 176* in Peenemünde ihre ersten Luftsprünge mit eingeschaltetem Raketentriebwerk, nachdem umfangreiche Rollversuche hinter einem 7,6-Liter-Mercedes-Kompressorwagen durchgeführt worden waren. Am 20. Juni 1939 machte dann der Versuchspilot WARSITZ den offiziellen Erstflug mit der *He 176*. Einen Tag später wurde die Maschine einer Abordnung des RLM unter Führung von UDET und MILCH vorgeführt. Statt der erwarteten Anerkennung der technischen Leistung fand HEINKEL auch für dieses Projekt nur Ablehnung. UDET verbot jede weitere Entwicklung und legte damit jede Weiterentwicklung lahm. HITLER, dem die Maschine am 3. Juli 1939 vorgeführt wurde, zeigte für die *He 176* bedeutend mehr Verständnis. Aber auch das nutzte nichts. HEINKEL konnte lediglich auf privater Basis noch ein wenig an dem Projekt arbeiten, zumal er zu diesem Zeitpunkt bereits durch die ebenfalls privat betriebene Strahltriebwerksentwicklung stark angespannt war. Die *He 176 V-1* wurde nach einiger Zeit in Kisten verpackt nach Berlin ins Luftfahrtmuseum geschickt, wo sie noch verpackt durch Bomben zerstört wurde. Erst gegen Ende des Krieges, nachdem der Raketenjäger *Me 163* von Lippisch den Beweis für die Einsatzmöglichkeit solcher Flugzeuge geliefert hatte, kam man auf HEINKELS Arbeit zurück. Siegfried GÜNTHER entwickelte dann einen Raketenabfangjäger, der unter der Projektnummer *P 1077* »Julia« lief. Zur Verwirklichung des Projekts kam es nicht mehr.

Heinkel He 177 1939

Anfang 1938 erhielt die Firma HEINKEL auf Grund einer RLM-Ausschreibung den Entwicklungsauftrag für einen schweren Bomber, der die Bezeichnung *He 177* erhielt. Diese Ausschreibung für ein derartiges Großflugzeug entstand auf Veranlassung des Generalleutnants WEVER hin, der folgerichtig und logisch denkend den Großbomber als unentbehrlich für eine starke Luftmacht hielt.

Die vom RLM herausgegebene Ausschreibung verlangte einen Bomber, der als Fern-, Mittel- und Nahbomber eingesetzt werden konnte; außerdem wurde eine Höchstgeschwindigkeit von mindestens 550 km/h gefordert (Bahnneigungsgeschwindigkeit 700 km/h) und eine Reichweite von 7000 km mit einer Bombenzuladung von 700 kg. Als die Arbeiten an diesem Flugzeug in vollem Gange waren, forderte das RLM nachträglich die Sturzfähigkeit dieses Riesen. Wenn auch nicht gar die steilen Sturzflüge der *Ju 87* erreicht werden sollten, so doch immerhin ein steiler Bahnneigungsflug, der weitgehende Änderungen an der *He 177* notwendig werden ließ. Die Versuche mit den Doppelmotoren DB 606 hatten zwar sehr gute Ergebnisse gezeigt, doch schien die Betriebssicherheit noch nicht ganz ausreichend. Deshalb wurde von seiten HEINKELS der Einbau von vier Einzeltriebwerken für eine Parallelentwicklung vorgeschlagen. Aber das RLM war mit die-

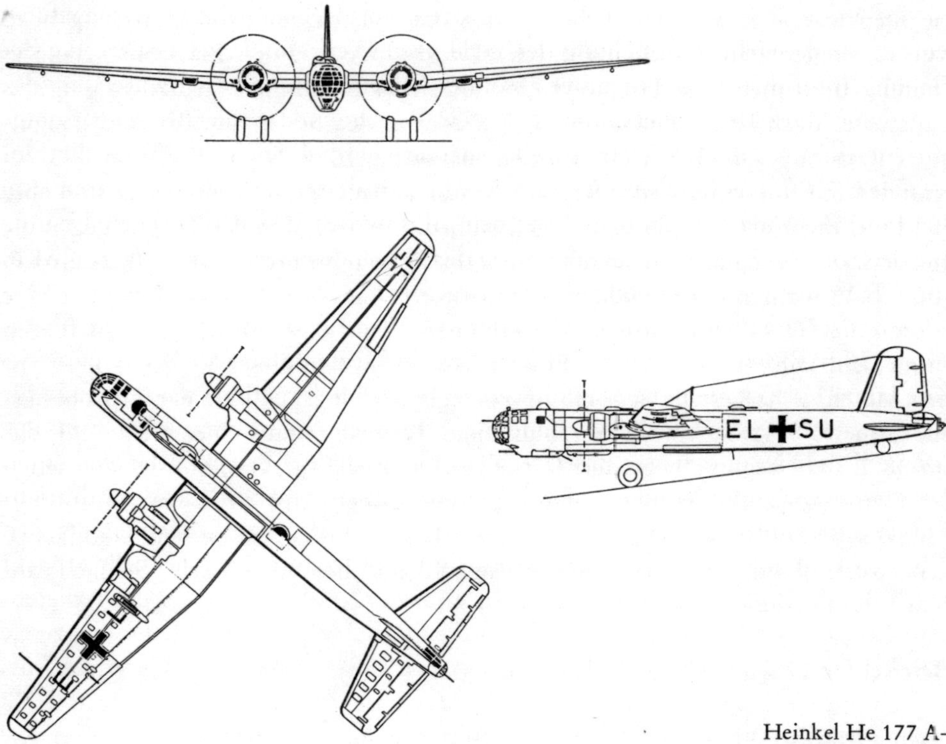

Heinkel He 177 A-5

ser Lösung nicht einverstanden, denn dort hieß es grundsätzlich, daß nur ein zweimotoriges Flugzeug sturzfähig sei, womit es bei dem Einbau der Doppeltriebwerke blieb.

Trotz der vielen Hindernisse, die sich dem Bau der *He 177* entgegenstellten, konnte die *He 177 V-1* unter Führung von Dipl.-Ing. FRANCKE, dem E-2-Chef vom Erprobungszentrum Rechlin, am 19. November 1939 zum Erstflug starten. Dieser Erstflug zeigte nichts Ungewöhnliches, und das Urteil lautete auf gute Flugeigenschaften, auch im Langsamflug. Die Triebwerksanlage machte bei den Erprobungen die meisten Schwierigkeiten, und sie konnten selbst bei den späteren Serienmustern A-0, A-1 und A-3 nicht überwunden werden.

Dagegen hatte die Flugeigenschaftserprobung sehr gute Ergebnisse gebracht. Die *He 177* war gut zu fliegen und besaß erstaunliche Stabilität um sämtliche Achsen. Eine Vorserie *He 177 A-0* wurde in 35 Exemplaren gebaut. Bei ihrer Erprobung nahmen die Änderungen kein Ende. Dabei handelte es sich zum Teil um geradezu lächerliche Kleinigkeiten, die von der Erprobungsstelle bemängelt wurden. Die 35 Flugzeuge reichten zur Erprobung und Frontreife nicht aus. Auch die ersten Flugzeuge der *A-1-Serie* mußten zur Erprobung herhalten. Eins wurde aber immer wieder festgestellt: Die Triebwerksanlage mit den DB-606-Doppelmotoren war äußerst anfällig. So wurden die meisten zur Fronterprobung beim KG 40 eingesetzten Maschinen durch Motorbrände zerstört. Bis 1943 gelang es Daimler-Benz nicht, die Triebwerke betriebssicher zu machen. Trotzdem ging das Baumuster nach einem Baustopp 1942 wieder in den Serienbau. Bis zum endgültigen Baustopp Oktober 1944 wurden insgesamt 1094 *He 177,* davon 378 bei Heinkel in Oranienburg, der Rest bei Arado, gebaut. Zum Fronteinsatz sind aber nicht viel mehr als 200 Maschinen gekommen. Die Aversion der Truppe gegen die immer wieder qualmend heimkehrende *He 177* war so groß, daß z. B. beim KG 100 z.b.V. während der befohlenen Umrüstung von *He 111 H* auf *He 177* einige Piloten die *He 177* mit Absicht »hinschmissen«, um diese Maschine nicht fliegen zu müssen! Die *He 177* mit vier Einzeltriebwerken, von dieser Version wurde nur eine Maschine hergestellt, war ein hervorragendes Flugzeug, wie der Erprobungspilot Oberst Peterson nach Abschluß eines Testprogramms einer *He 177 B,* das am 28.2.1944 begann, begeistert feststellte. Die Engstirnigkeit, mit der von seiten der Erprobungsstelle Rechlin auf der zweimotorigen Ausführung mit Sturzflugfähigkeit bestanden wurde, hat verhindert, daß die Luftwaffe tausend erstklassige Langstreckenbombenflugzeuge gegen England und besonders in der Schlacht auf dem Atlantik einsetzen konnte.

Heinkel He 178   1939

Nach Ideen des Physikers Pabst von Ohain entstand in den letzten Jahren vor dem Zweiten Weltkrieg das erste Strahltriebwerk *HeS 1.* (Einzelheiten: siehe »Heinkel-Strahltriebwerke«.) Vorläufiges Endergebnis der Entwicklung war das Triebwerk HeS 3 B, das einen Standschub von 500 kp erzeugte. Dieses Triebwerk wurde dann in das speziell für diesen Zweck entwickelte Versuchsflugzeug *He 178 V-1* eingebaut, auf dem Werkspilot Warsitz dann der erste Flug mit einem reinen Strahltriebwerk am 24. 8. 39 gelang. Trotzdem seitens des RLM, insbesondere von seiten des Generalluftzeugmeisters Udet kein Interesse an dieser Entwicklung gezeigt wurde, arbeiteten Heinkel und seine Mitarbeiter fieberhaft an der Weiterentwicklung. Die dabei gewonnenen Erkenntnisse und Erfahrungen bewirkten, daß die Entwicklung des späteren zweistrahligen Jägers *He 280* relativ schnell vorangetrieben werden konnte. Obwohl die *He 178* ein reines Versuchsflugzeug war, zeigte doch bereits die äußere Erscheinung, daß sie als Vorläufer eines einstrahligen Jägers gedacht war. Die Leistungen der *He 178 V-1* sind aus nachstehender Tabelle zu ersehen:

Verwendungszweck:	Versuchsflugzeug		
Besatzung:	1	Spurweite:	1,58 m
Spannweite:	7,20 m	Höchstgeschwindigkeit:	700 km/h
Länge:	7,48 m	max.	
Höhe:	2,10 m	Dauergeschwindigkeit:	580 km/h
Fahrwerk:	einziehbar	Landegeschwindigkeit:	165 km/h

Flügelfläche:	9,1 m²	Zuladung:	378 kg
Flächenbelastung:	219 kg/m²	Fluggewicht:	1998 kg
Leistungsbelastung:	3,98 kg/kp	Erstflug:	27. August 1939
Rüstgewicht:	1620 kg		

Triebwerk:

Standschubleistung:	in 0 m Höhe	0 km/h	500 kp	13 000 U/min
Schubleistung:	in 0 m Höhe	200 km/h	420 kp	13 000 U/min
	in 0 m Höhe	400 km/h	395 kp	13 200 U/min
	in 0 m Höhe	600 km/h	415 kp	13 200 U/min
	in 0 m Höhe	800 km/h	480 kp	13 200 U/min
	in 6 km Höhe	600 km/h	435 kp	13 200 U/min
Spezifischer Kraftstoffverbrauch:	in 0 m Höhe	250 km/h	750 gr/PSh	13 200 U/min
	in 0 m Höhe	400 km/h	680 gr/PSh	13 200 U/min
	in 0 m Höhe	600 km/h	550 gr/PSh	13 200 U/min
	in 0 m Höhe	800 km/h	465 gr/PSh	13 200 U/min

Trockengewicht:	360 kg
Leistungsgewicht:	0,72 kg/kp
Lufteinlauffläche:	68 dm²
Länge:	1,63 m
Durchmesser:	1,20 m

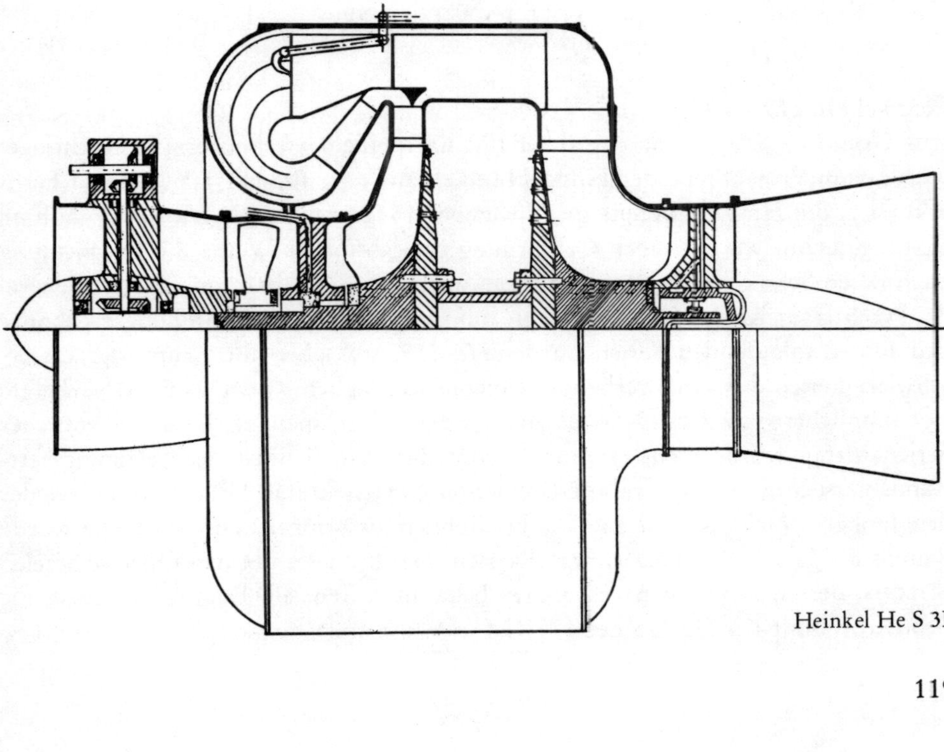

Heinkel He S 3B

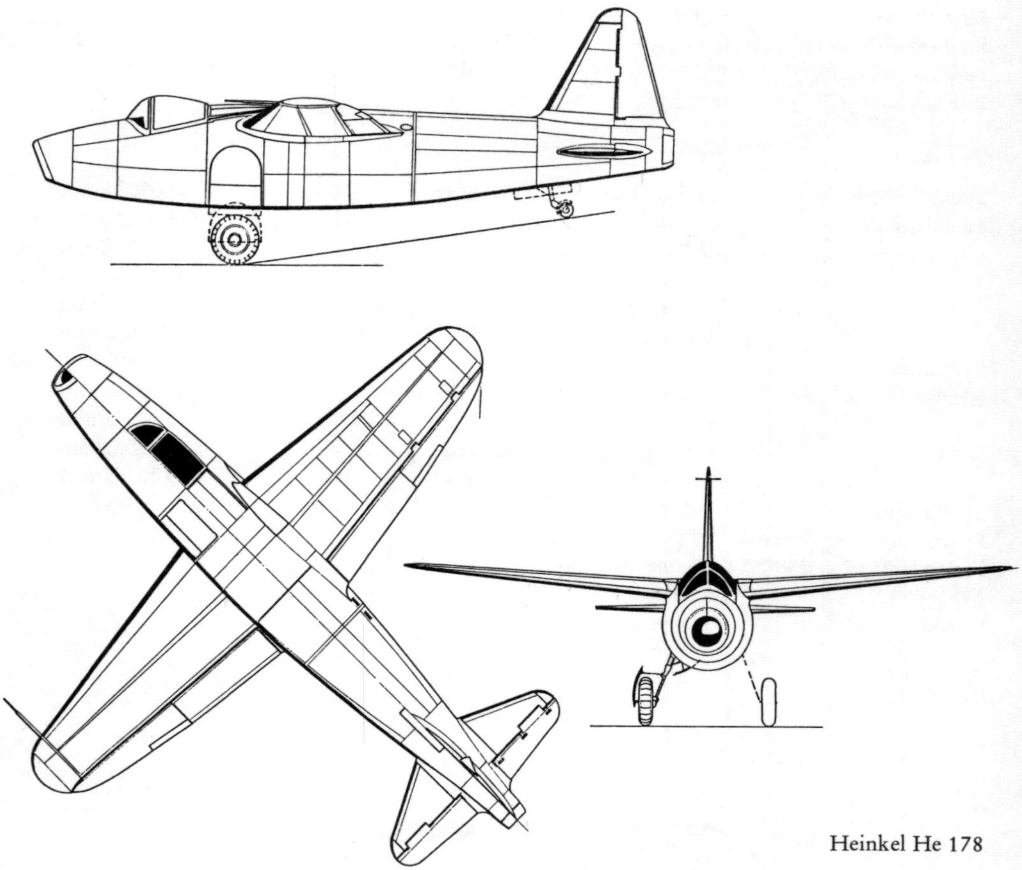

Heinkel He 178

Heinkel He 219 1942

Auf Grund einer Anforderung des RLM nach einem zweimotorigen Nachtjäger wurde vom Projektbüro der Firma Heinkel aus dem Projekt 1060, einem Fernerkunder, die *He 219*. Bereits im November 1942 machte die *He 219 V-1* ihren Erstflug. Dann wurde wegen Gefährdung des Rostocker Werks die Entwicklung nach Wien-Schwechat verlegt, wo dann auch der Serienbau anlief. Der General der Nachtjäger Kammhuber verlangte auf Grund der guten Erprobungsergebnisse den sofort anlaufenden Serienbau der *He 219*, was aber auf Grund der Lieferschwierigkeiten der Triebwerke nur schleppend möglich war. Das RLM verlangte eigentümlicherweise eine *0-Serie* von hundert Maschinen, d. h. ein eigentlicher Serienauftrag wurde nicht erteilt. Obwohl die Dringlichkeit der Fertigung feststand, versuchte der Generalluftzeugmeister Staatssekretär Milch immer wieder den Junkers-Nachtjäger *Ju 88 G-1* ins Rennen zu bringen. Die Maschine wurde damals als *Ju 188 S-1* bezeichnet. Kammhuber ordnete, um den Quertreibereien Milchs, dessen Bindungen zu Junkers bekannt waren, ein Ende zu machen, die Fronterprobung der *He 219* beim NJG 1 in Venlo an.

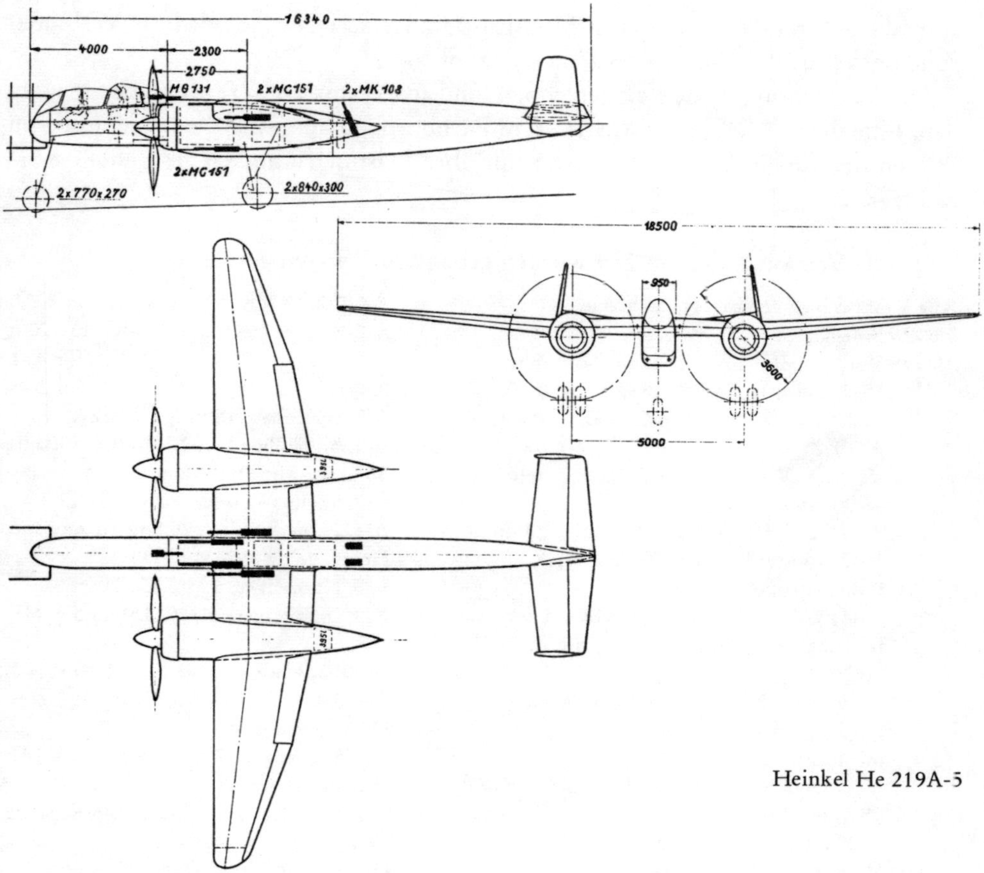

Heinkel He 219A-5

In der Nacht vom 11. zum 12. Juni 43 flog Major Streib die *He 219* zum ersten Mal im Einsatz, schoß fünf englische Bomber ab, machte aber bei der Landung Bruch. Es war ein Mißgeschick durch technisches Versagen, das durch die überhastete Entwicklung verursacht wurde. Die Wirksamkeit und Leistungsfähigkeit war aber bewiesen. Auch General Peltz, der General der Kampfflieger, zeigte sich von der Maschine beeindruckt. Auch ein Vergleichsfliegen zwischen *He 219*, *Ju 88 G-1* und *Do 217 N* bewies eindeutig die Überlegenheit der *He 219*. Trotzdem hat das RLM-Nachschubamt, das Milch unterstand, niemals einen Serienauftrag für die *He 219* erteilt. Es wird wohl nie klargestellt werden, warum die *He 219*, die trotz ihrer zweifellos vorhandenen Schwächen eine der besten deutschen Kriegskonstruktionen war, nicht gebaut worden ist. Heinkel selbst glaubte, es auf eine persönliche Aversion gegen seine zweifellos nicht immer bequeme Person und Art zurückführen zu müssen. Der wahre Grund wird aber wohl in den Bindungen zwischen dem RLM und der Firma Junkers zu suchen sein, die auch die Serienfertigung anderer vielversprechender Flugzeugmuster verhinderte. Wenn man bedenkt, daß die *He 219* das einzige deutsche Flugzeug war, das in der Lage war, die gefürchteten englischen Moskito-Bomber zu jagen, so wird die Verhinderung der *He 219*-Fertigung noch unverständlicher.

Die Versuchsmaschinen eingerechnet, sind insgesamt 268 *He 219* gebaut worden. Eine dieser Maschinen war 1946 in Farnborough ausgestellt, nachdem sie von Piloten der Royal Air Force getestet und ihre Leistungsfähigkeit festgestellt worden war.

Folgende Versionen der *He 219* wurden gebaut oder waren geplant:

Alle V-Maschinen gehören zur Vorserie He 219 A-0.

He 219 V-1, 2 MG 131, Erstflug November 1942. Februar 1943 Umbau: zusätzliche Bodenwanne mit 4 MK 108. Version A-0/RZ.

V-2, bis V-4 März 1943 fertiggestellt. Lichtenstein C.J.

A-0/R 3: 2 MG 151/20, 4 MK 103, Juli 1943, Musterflugzeug für A-2-Serie, Lichtenstein C 1.

V-11, W.Nr. 310189, ausgestellt in Farnborough 1946, Musterflugzeug für A-7-Serie.

V-16 (A-0/R 6) August 1943, Musterflugzeug für A-5-Serie, Erste Maschine mit Lichtenstein SN 2.

V-19 (A-7/R 2) erste Maschine mit »Schräger Musik«.

V-22 erste Maschine mit DB 603 G.

V-29, Musterflugzeug für B-2-Serie.

A-0: A MK 108.

A-0/R 2: 4 MK 103, Lichtenstein C. 1.

A-0/R 3: 4 MK 103, 2 MG 151/20 A für A-2.

A-0/R 6, für A-5.

A-2, Serienbau, »Schräge Musik«.

A-3, Schnellbomber, 2 MK 108, 1000 kg Bomben, kürzerer Rumpf, 3 Mann Besatzung, nur Versuch.

A-4, Fernerkundler, 26,5 m Spannweite, Holzflügel, wurde Hü 211.

A-5, Nachtjäger, 6 MG 151/20.

A-7, Nachtjäger, 2 MG 151 und 4 MK 108.

A-7/R 3, wie A-7, aber Lichtenstein SN 2.

A-7/R 4, wie A-7/R 3, aber zusätzlich Heckwarnanlage.

A-7/R 6, wie A-7/R 4, aber Jumo 222, nur eine Maschine.

B-1 bis B-3, nur ein B-2 Musterflugzeug (V-29).

C-1, nur ein Musterflugzeug.

C-2, nicht gebaut.

	Technische Daten	He 219 A-2	A-5	A-7
Triebwerk	Daimler-Benz	DB 603A	DB 603E	DB 603E
Motorenstärke/PS	2 ×	1 510	1 380	1 380
Spannweite/m		18,5	18,5	18,5
Länge/m		15,5	16,3	15,5
Höhe/m		4,2	4,2	4,2
Flächeninhalt/qm		44,5	44,5	44,5
Leergewicht/kg		8 120	8 345	8 510
Fluggewicht/kg		12 500	13 575	14 245
Höchstgeschwindigkeit ohne Flammdämpfer und Lichtenstein, km/h		605	615	630
Höchstgeschwindigkeit mit voller Ausrüstung		560	585	600
Reichweite/km		2 100	2 850	2 800
Gipfelhöhe/m		9 300	9 400	10 300
Startstrecke/m		970	1 050	850

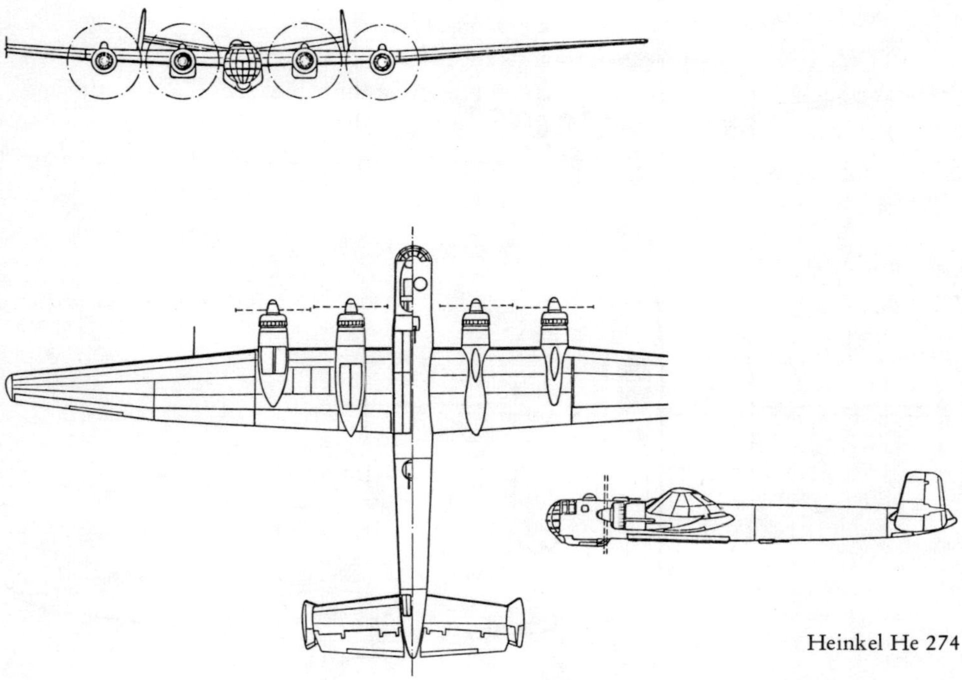

Heinkel He 274

Heinkel H 274 1944/45

Nachdem die ersten Heinkel *He 177* im Einsatz waren, wurde vom RLM die Forderung nach einer Höhenversion erhoben, die in der Lage sein sollte, ungehindert von Flakfeuer die Ziele anzufliegen. Die ersten Versuche zur Entwicklung eines solchen Bombers wurden mit zwei *He 177 A-3* mit entsprechenden Umbauten durchgeführt. Wenn auch ein großer Teil der Einzelteile der *He 177* verwendet werden konnte, entstand doch durch die immer wieder notwendigen Änderungen ein vollkommen neues Flugzeug.

Da in der deutschen Luftfahrtindustrie zu diesem Zeitpunkt aus kriegsbedingten Gründen keine Kapazitäten mehr frei waren, wurde der Bau der ersten zwei Prototypen des neuen Flugzeugs, der *He 274*, der Firma Farman in Suresnes bei Paris übertragen. Es war klar, daß die Franzosen alles taten, um die Fertigstellung dieses neuen Typs zu verzögern. So kam es, daß die beiden Zellen *He 274* bei der Besetzung Frankreichs durch die Alliierten unversehrt stehenblieben. Farman wurde dann verstaatlicht und Teil der Société Nationale des Constructions Aéronautiques due Sud-Ouest (SNCA-SO).

Die *He 274 V-1* wurde in *A.A.S. 01 A* umbenannt und machte unter dieser Bezeichnung im Juli 1945 ihren Erstflug. Auch die *He 274 V-2* wurde noch fertiggestellt. *He 274 V-1* wurde dann als Erprobungsträger für das französische Ra-

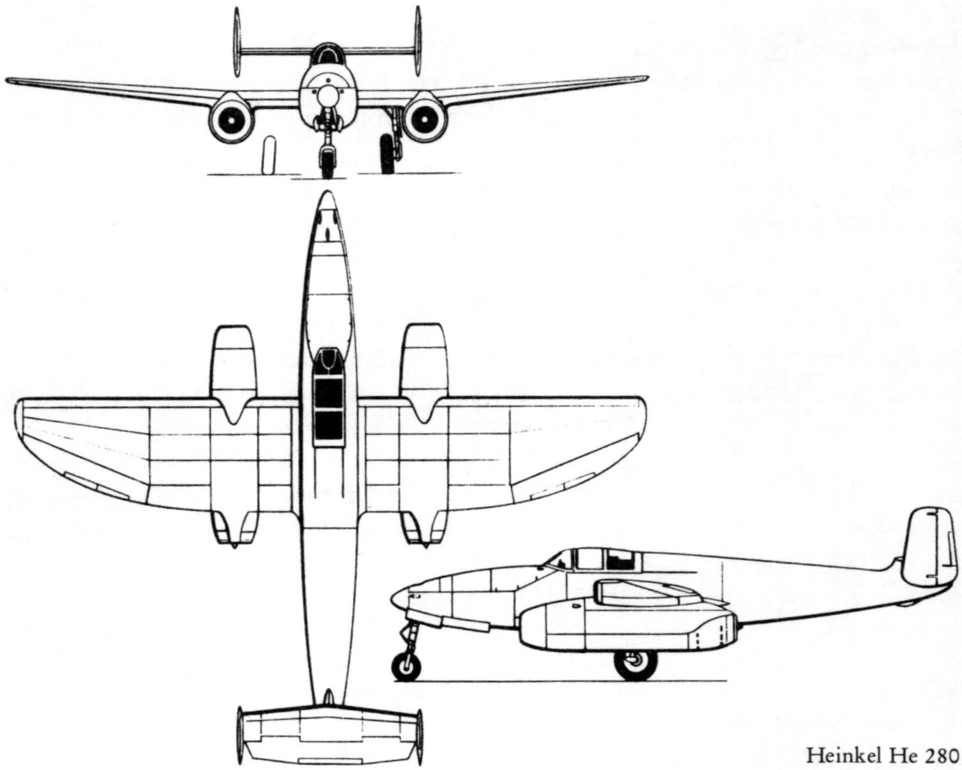

Heinkel He 280

ketenflugzeug SO-M 1 verwendet, das von der deutschen Maschine im Huckepackschlepp auf 4000 m Höhe gebracht wurde, wo der Start erfolgte. Später wurden auch die Staustrahltriebwerksflugzeuge Leduc 011 und 021 damit erprobt. Nach Abschluß des SO-M 1-Programms wurde die *He 274 V-1* verschrottet, während die *He 274 V-2* noch fünf Jahre länger ihren Dienst als Erprobungsträger versah. Es sei bemerkt, daß die Leistungen der *He 274* den berechneten Werten fast genau entsprachen. Mit Höhenlader TK 11 B ausgerüstet wurden 14300 m Höhe erreicht. Als Triebwerk dienten vier DB 603 A von je 1580 PS.

Heinkel He 280 1941

In konsequenter Fortführung der Entwicklungsarbeiten am Strahltriebwerk wurden auf rein privater Basis aus der *He S 3 B* stärkere Strahltriebwerke entwickelt. Als die Ergebnisse feststanden, wurde eine Projektstudie für ein Jagdflugzeug mit zwei solchen Triebwerken erarbeitet. Das RLM war von den Ergebnissen derartig beeindruckt, daß es einen Entwicklungsauftrag für ein solches Flugzeug unter der Typennummer *He 180* erteilte. Die Arbeiten begannen bei Heinkel am 20. 6.1939.

Die Maschine verfügte im Gegensatz zu der späteren *Me 262* von vornherein über ein Bugradfahrwerk. Am 22.9.1940 erfolgte der erste Flug der *He 280 V-1,* wie das Flugzeug nun benannt wurde, ohne Triebwerke im Schlepp einer *He 111.* Am 2.9.1940 erfolgte dann der wirkliche Erstflug mit den neuen *HeS 8 A*-Triebwerken.

Es sollten erst neun V-Muster und dann 13 Vorserienmuster gebaut werden. Die guten Ergebnisse der *He 280 V-2* und *V-3* veranlaßten das RLM zu einem Serienauftrag für 300 *He 280 B-1.* Die *Heinkel-Werke* konnten wegen Überlastung den Auftrag nicht selbst übernehmen. Die Firma *Siebel* in Halle sollte dann den Auftrag übernehmen, war aber ebenfalls nicht in der Lage ihn auszuführen. Am 27. März 1943 setzt General Milch Heinkel davon in Kenntnis, daß er zu seinem Bedauern die *He 280* zugunsten der *Me 262* absetzen müsse. Heinkel schrieb dazu in einem betriebsinternen Fernschreiben: »Ich dränge mich nicht danach, die Maschine in Serie zu bauen, aber unter Berücksichtigung der Ausführungen Gen-Milchs halte ich es für notwendig, daß ein Vergleichsfliegen stattfindet. Zu allem kommt noch dazu, daß unsere Maschine für die demnächst fertigwerdenden BMW-Triebwerke sehr gut paßt, nicht aber die *Me 262.*« Es kam nie dazu. So wurde die Fertigung der *He 280* nach Fertigstellung von neun Versuchsmaschinen eingestellt. Diese waren:

V-1 zerstört
V-2 Versuchsträger für Junkers Triebwerk Jumo-004. Sie hatte bis 22. 4. 1943 sieben Flüge durchgeführt, alle in Schwechat. Pilot Schäfer erreichte 800 km/h in 3600 m Höhe. Die V-2 erhielt im Juni 1943 ein neues Querruder, ein bremsbares Bugrad und ein geteiltes Seitenleitwerk.
V-3 Versuchsträger für Heinkel-Triebwerk HeS-8 (700 kp), Erstflug 5. 4. 1941.
Im Bau waren:
V-4 Versuchsträger für Argus-Schubrohre (sollte August 1943 fertig sein).
V-5 Versuchsträger für Heinkel-Triebwerk HeS-011 (1300 kp) zur Ermittlung der Höchstgeschwindigkeit (Juli 1943).
V-6 Versuchsträger für BMW-003 (Mai 1943).
V-7 Versuchsträger ohne Triebwerke an die DFS in Hörsching für Schnellflugforschung geliefert. 1. Flug 19. 4. 1943, Pilot der He-111: Schuck, ab 2. Flug »Gretchen« Ziegler, Pilot der V-7: Opitz. Kennzeichen NU + EB, Leergewicht 1800 kg, Fluggewicht 2079 kg, höchstzulässige Geschwindigkeit 750 km/h.
V-8 Versuchsträger Jumo-004 (Mai 1943).
V-9 Versuchsträger für BMW-003 (August 1943), ging an BMW.

Heinkel He 343 1944/45

Im Januar 1944 begannen die Projektarbeiten an einem Bomber mit Strahlantrieb, der bereits im Sommer 1945 zum Fronteinsatz kommen sollte. Da die Zeit für die Konstruktionen sehr kurz war, griff man auf das *Projekt 1068* zurück. Um Zeit zu sparen, wurde auf Anregung von Oberstlt. Knemeier auf die Konstruktion der Arado *Ar 234* zurückgegriffen. Dieses Muster stand bereits in der Erprobung und zeigte sehr gute Ergebnisse. Ein Vergleich der Risse der *He 343* mit denen der *Ar 234 C* läßt dies klar erkennen. Die *He 343* mußte aber größer werden, da sie

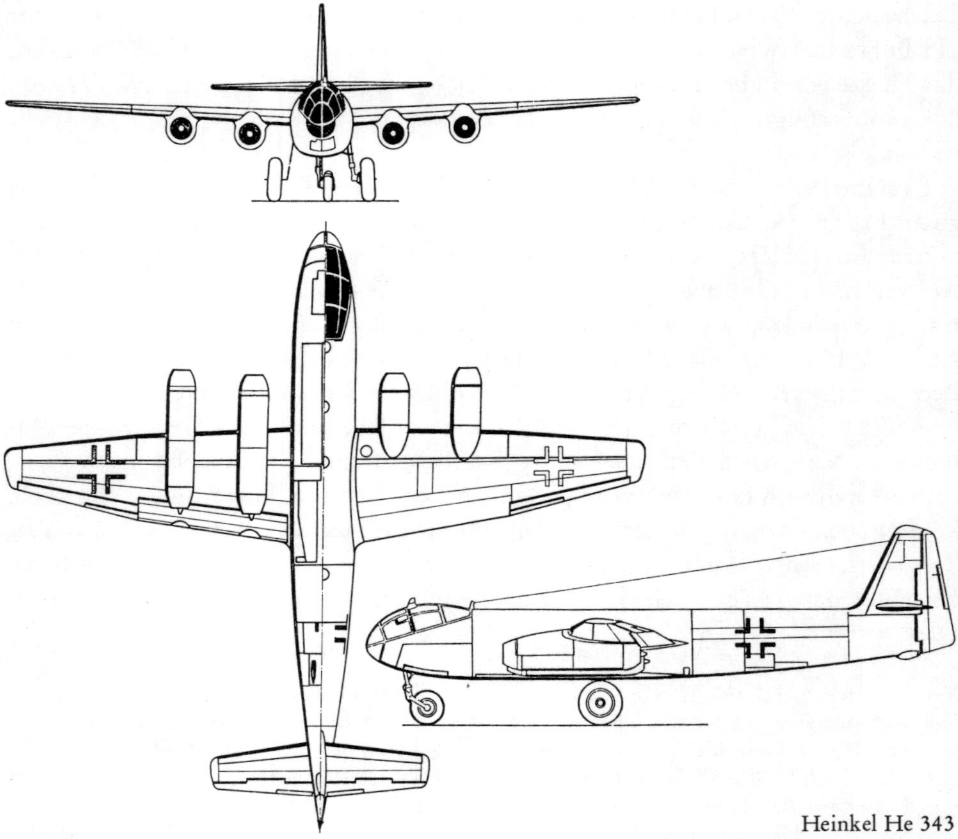

Heinkel He 343

Platz für eine zweiköpfige Besatzung und für eine Bombenlast von 2000 kg bieten sollte. Die höchstzulässige Startlast sollte 16 t betragen, weshalb das Projekt die Bezeichnung *STRABO 16* erhielt. Obwohl alle Projektunterlagen früh genug beim RLM vorlagen, wurde kein Entwicklungsauftrag erteilt. Ende April 1944 wurde das Projekt erneut vorgelegt. Erfolg war nur ein Bauauftrag für eine Erprobungsserie und eine *A-Serie,* die aber beide dann wegen des Jäger-Notprogramms abgesetzt wurde.
Die *He 343* sollte in drei Versionen gebaut werden:

He 343 A-1 Bomber für 3000 kg Bomben, Abwehrbewaffnung: 2 MG 151
He 343 A-2 Fernerkunder mit 75-cm-Reihenbildgeräten
He 343 A-3 Zerstörer mit vier MK 108 Front- und 2 MG 151-Heckbewaffnung.

Während *He 343 V-1* und *V-2* mit einfachem Leitwerk ausgerüstet werden sollten, war für die *V-3* ein Doppel-Leitwerk vorgesehen. Als Triebwerk waren vier *Heinkel HeS 011*-Strahlturbinen von 1300 kp Standschub geplant.

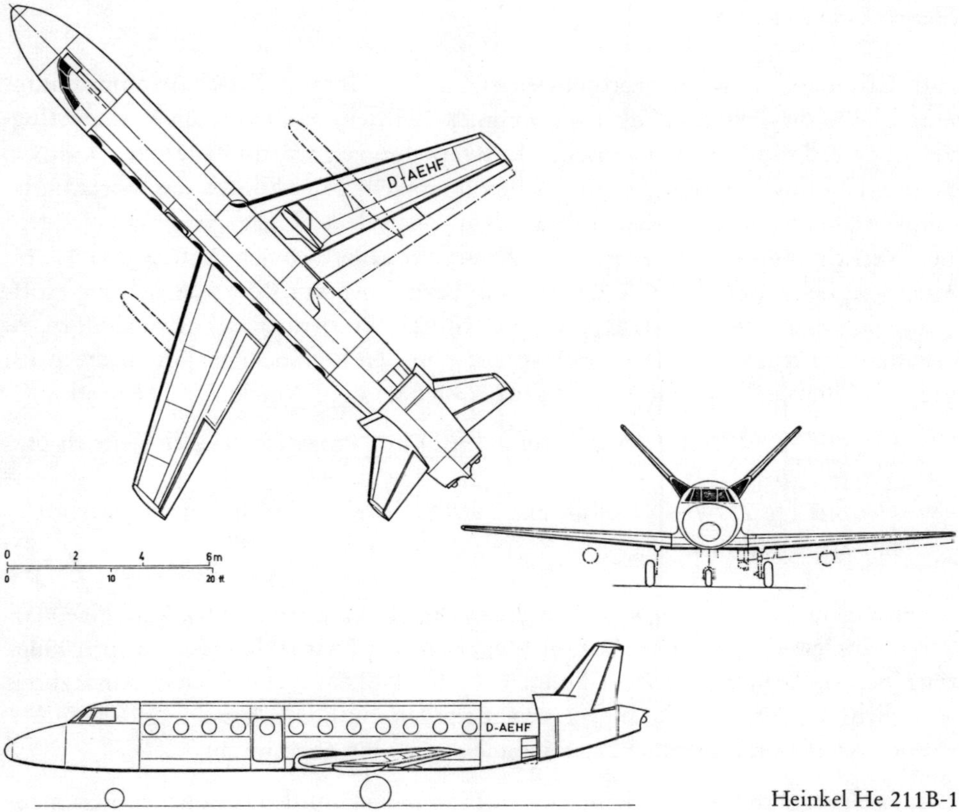

Heinkel He 211B-1

Potex-Heinkel CM 191

Das viersitzige, zweistrahlige Reise- und Verbindungsflugzeug *Potez-Heinkel CM 191* wurde gemeinsam von den Firmen Potez, Paris, und Ernst Heinkel Flugzeugbau GmbH, Speyer, aus dem bekannten Düsentrainer Fouga *CM 170* »Magister« entwickelt.

Für die Konstruktion dieses Flugzeuges war bestimmend, die anerkannt guten und vielfach erprobten Eigenschaften der zweisitzigen Fouga »Magister« auf eine viersitzige Maschine zu übertragen und damit der Forderung nach einem zuverlässigen und wirtschaftlichen Flugzeug dieser Klasse zu entsprechen.

Das Projekt, sowie die aerodynamischen und statischen Rechnungsunterlagen wurden von der Firma Potez erstellt, während die gesamte Konstruktion und der Bau von der Ernst Heinkel Flugzeugbau GmbH in Speyer durchgeführt wurde.

Für die *Potez-Heinkel CM 191* ergibt sich eine Reihe von Einsatzmöglichkeiten, die sowohl zivile als auch militärische Aufgaben umfassen.

Heinkel He 211 1958

Auf Grund einer Wettbewerbsausschreibung des Bundeswirtschaftsministeriums entwickelte die Firma Heinkel im Sommer 1958 ein Kurzstrecken-Verkehrsflugzeug, speziell für den innerdeutschen Luftverkehr geeignet. Im Falle einer positiven Beurteilung durch die Lufthansa wurden finanzielle Mittel durch das Wirtschaftsministerium in Aussicht gestellt. Nachdem neben dem Flugzeugprojekt eines großen Verkehrsflugzeuges die *He 211 A* mit Propellerturbinen-Antrieb am 17.11. 1958 von der DLH als förderungswürdig bezeichnet wurde, erwies sich die Hoffnung der deutschen Luftfahrtindustrie, Mittel für derartige Entwicklungen zu erhalten, als trügerisch. Trotzdem arbeitete in den kommenden Jahren die Ernst Heinkel Flugzeugbau GmbH auf eigene Kosten an dem Projekt *He 211* weiter.

Heinkel He 211 A-1 (Ausführung 1961) mit Propellerturbinen-Antrieb und die
Heinkel He 211 B-1 (Ausführung 1961) mit reinem Strahlantrieb durch Aftfan-Strahlturbinen.

Die allgemeinen Überlegungen für dieses Projekt basieren auf der Annahme, daß durch eine genügend große Anzahl Flugzeuge die Entwicklungskosten pro Flugzeug niedrig gehalten werden können, d. h. daß damit ein weiter Absatzkreis bezüglich der Verwendung angesprochen werden muß. Die Auslegung der *He 211* wurde deshalb auf folgende Einsatzmöglichkeiten hin abgestimmt:

1. auf den regulären Luftverkehr, dessen Einnahmen auf den geflogenen Personenkilometern beruhen;
2. auf den Charter-Verkehr für Touristik- und Bäderdienst;
3. für große Industriefirmen mit Bedarf an Exekutiv-Flugzeugen und schließlich
4. für staatliche Behörden mit Bedarf an Reise- und Sanitätsflugzeugen.

Das PTL-Flugzeug (Ausführung A-1) ist unbedingt der *He 211 B-1* vorzuziehen, wenn es darum geht, mit einer kurzen Startbahn auskommen zu müssen. Wirtschaftlich bessere Werte erreicht jedoch die *He 211 B-1,* da durch die hohe Fluggeschwindigkeit in Abhängigkeit von der Flugstrecke kürzere Zeiten erreicht werden, die für den Fluggast von ausschlaggebender Bedeutung sein können. Da nach der Erfahrung der Deutschen Lufthansa für die Start- und Landestrecken keine extrem kurzen Start- und Landestrecken gefordert werden brauchen, liegt nunmehr das Schwergewicht des *He 211*-Projektes auf der Ausführung *B-1.*

Mit der Möglichkeit Aftfan-Strahltriebwerke zu verwenden, sinkt die wirtschaftliche Flughöhe auf ein für Kurzstrecken erträgliches Maß, so daß auch dieses bis dahin unvermeidliche Problem gelöst ist. Schließlich zielt der Entwurfsgedanke nach der Möglichkeit, mit der *He 211* ein Flugzeug auf den Markt zu bringen, welches in großer Anzahl nach dem Trambahn-System zum Einsatz kommen soll, d. h. daß innerhalb kleiner Zeitintervalle jeweils ein Abflug stattfinden soll, um die Totzeiten für die Passagiere gering zu halten. Darunter versteht man eine minimale Wartezeit auf Anschlußflüge und kleine Wartezeiten auf den Ab- bzw. Ankunftsflughäfen. Ein derartiges System setzt für die Fluggesellschaften ein Flugzeug voraus, welches eine möglichst große Raumausnutzung und damit verbunden eine gute Auslastbarkeit bietet. Die *He 211 B-1* kann deshalb einmal mit der normalen Sitzordnung für 22 Fluggäste angeboten werden oder aber mit einer neuartigen Schrägsitzordnung für 24 Fluggäste, wobei die Sitze um 25° nach innen zum Gang hin gedreht sind.

Flugzeug-Projekte

Neben den hier geschilderten Flugzeugtypen wurden im Projektenbüro der Heinkel-Werke unter der Leitung von Siegfried *Günter* noch eine ganze Reihe von Flugzeugen entworfen. Daß diese nicht verwirklicht wurden, ist zum größten Teil darauf zurückzuführen, daß die dafür vorgesehenen Triebwerke entgegen den Ankündigungen des RLM nicht verfügbar wurden oder nicht einsatzreif waren. Zum Teil wurde aber auch die Entwicklung durch den Gang der Ereignisse illusorisch. Ein Teil der in diesen Entwürfen enthaltenen neuen konstruktiven Ideen ist von den Siegermächten dann bei eigenen Entwicklungen verwertet worden. Die Zahl und Art der Entwürfe ist aus nachstehender Tabelle zu ersehen.

Baujahr	Typ	Bauart	Einsatzzweck	Triebwerk	Leistung	Sp.	L.	Fl.	Startgewicht	V/max.
1942	He P 1054		Transportflugzeug							
1942	He P 1062	Tiefdecker (L)	Jagdflugzeug							
1942	He P 1063	Mitteldecker (L)	Schnelles Kampfflugzeug							
1943	He P 1064	Mitteldecker (L)	Langstrecken-Kampfflugzeug	BMW 801 Ea	6x2 000	45,00	24,20	170,00	59 780	570
1942	He P 1065/1a	Tiefdecker (L)	Jagdbomber, Arbeitsflugzeug	BMW 801 E	2x1 550	23,00	15,40	51,00	15 220	492
1942	He P 1065/1b	Tiefdecker (L)	Jagdbomber, Arbeitsflugzeug	Junkers Jumo 222 C	2x2 600	23,00	15,40	56,50	16 890	572
1942	He P 1065/1c	Tiefdecker (L)	Schnellbomber	Daimler Benz 609	2x2 270	23,00	15,40	57,00	17 050	525
1942	He P 1065/2a	Tiefdecker, unsymmetr. Doppeltr., (L)	Schnellbomber	BMW 803	3 500	20,40	19,50	51,50	15 500	515
1942	He P 1065/2b	Tiefdecker, unsymmetr. Doppeltr., (L)	Schnellbomber	Daimler Benz 619	4 540	20,40	19,50	54,00	16 300	530
1942	He P 1065/3a	Tiefdecker, Doppeltriebwerk, (L)	Schnellbomber	Daimler Benz 613 C	3 100	20,30	14,40	41,50	13 670	510
1942	He P 1065/3b	Tiefdecker, Doppeltriebwerk, (L)	Schnellbomber	Daimler Benz 619	4 540	20,30	14,40	45,00	14 870	560
1942	He P 1066	Tiefdecker (L)	Kampfzerstörer	BMW 801 E	2x1 500	22,80	15,60	47,20	15 800	610
1942	He P 1066	Tiefdecker (L)	Kampfzerstörer	BMW Jumo 222 C	2x2 600	22,80	15,60	47,20	16 000	660
1944	He P 1068/78	Mitteldecker, gerade Flächen (L)	Bomber u. schnell. Kampfflugz.	Heinkel He S 11	4x1 300 kp	19,00	20,00	60,00	22 300	853
1944	He P 1068/80	Mitteldecker, gerade Flächen (L)	Bomber u. schnell. Kampfflugz.	Heinkel He S 11	6x1 300 kp	19,00	20,00	60,00	23 500	930
1944	He P 1068/83	Mitteldecker, gerade Flächen (L)	Bomber u. schnell. Kampfflugz.	Heinkel He S 11	4x1 300 kp	16,00	17,00	43,00	17 960	910
1944	He P 1068/84	Mitteldecker, 45° Pfeilflügel, (L)	Bomber u. schnell. Kampfflugz.	Heinkel He S 11	4x1 300 kp	16,00	17,90	45,00	18 260	895
1944	Strabo 16	Mitteldecker (L)	Bomber u. schnell. Kampfflugz.	Junkers Jumo 004 c	4x1 015 kp	18,00	16,60	42,00	16 000	860
1943	He P 1069	Mitteldecker, gerade Flächen, (L)	Jagdflugzeug	Junkers Jumo 004 B	1x 900 kp					
1943	He P 1070	Nurflügelflugzeug (L)	Jagd- u. schnelles Kampfflugz.	Junkers Jumo 004 B	2x 900 kp					
1943	He P 1071	Asymmetrische Rumpfanordnung (L)	Jagdflugzeug	Junkers Jumo 004 B	2x 900 kp					
1943	He P 1072	Mitteldecker, gepfeilte Flächen,	Bomber u. schnell. Kampfflugz.	BMW 003 A-0	4x 820 kp					

Baujahr	Typ	Bauart	Einsatzzweck	Triebwerk	Leistung	Sp.	L.	Fl.	Startgewicht	V/max.
1944	He P 1073/I	V-Leitwerk, (L)	Jagdflugzeug	Heinkel He S 11	2x1 300 kp	12,00	10,30	22,00	6 100	1 010
1944	He P 1073/II	Schulterdecker, gerade Flächen, (L)	Jagdflugzeug	Heinkel He S 11	1x1 300 kp	7,20	9,20	11,16	2 910	890
1944	He P 1074	Mitteldecker, gerade Flächen, (L)	Jagdflugzeug	BMW 801 E	4x2 000					
1944	He P 1075	Mitteldecker, Doppelrumpf, Zug- und Druckschr., (L)	Langstrecken-Jagdflugzeug	Daimler Benz 603 E	2x1 500 kp	27,40	13,85	88,80	32 000	730
1944	He P 1076 A	Tiefdecker, negative Flächenpfeil., (L)	Jagdflugzeug m. Oberflächenk.	Daimler Benz 603 U	1 810	11,00	9,64	18,00	4 400	860
1944	He P 1076 B	Tiefdecker, negative Flächenpfeil., (L)	Jagdflugzeug m. Oberflächenk.	Junkers Jumo 213 E	1 750	11,00	9,60	18,00	4 480	865
1944	He P 1076 N	Tiefdecker, negative Flächenpfeil., (L)	Jagdflugzeug m. Oberflächenk.	Daimler Benz 603 N	3 000	12,40	9,60	26,00	5 230	880
1944	He P 1076 LM	Tiefdecker, negative Flächenpfeil., (L)	Jagdflugzeug m. Oberflächenk.	Daimler Benz 600 LM	2 100	11,00	9,60	18,00	4 635	880
1944	He P 1077	Schulterdecker, Verschleißflugz., (L)	Abfangjäger (Vorläufer Julia)	Walter HWK 109-509 A	1 600 kp	4,70	6,80	7,20	1 610	980
1944	He 277 B-3	Mitteldecker (L)	Schweres Kampfflugzeug	BMW 801 E	4x2 000	40,00	22,52	133,00	42 000	535
1944	He 277 B-5/R 1	Mitteldecker (L)	Schweres Kampfflugzeug	Daimler Benz 603 A	4x1 750	31,44	22,15	100,00	43 200	560
1945	He 277 B-5/R 2	Mitteldecker (L)	Schweres Kampfflugzeug	Daimler Benz 603 A	4x1 750	31,44	22,15	100,00	44 500	570
1945	He 277 B-6/R 1	Mitteldecker (L)	Schweres Kampfflugzeug	Junkers Jumo 213 F	4x2 060	40,00	22,32	133,00	44 400	560
1945	He 277 B-7	Mitteldecker (L)	Schweres Kampfflugzeug	Junkers Jumo 213 E	4x1 750	36,00	22,15	108,00	44 000	430
1943	He 277 B-7/6	Mitteldecker (L) (Projekt)	Schweres Kampfflugzeug	BMW 801 E	6x2 000	45,00	23,70	170,00	60 000	560
1943	He 319 A-0	Mitteldecker (L) (Projekt)	Schnelles Kampfflugzeug	Daimler Benz 603 A	2x1 750	20,30	15,40	41,50	13 270	540
1943	He 319 A-1	Mitteldecker (L) (Projekt)	Schnelles Kampfflugzeug	Daimler Benz 603 A	2x1 750	20,30	15,40	41,50	13 620	540
1944	He 343 A-1	Mitteldecker (L)	Schnellbomber	Heinkel He S 11 A	4x1 300 kp	18,00	16,50	42,25	19 550	910
1944	He 343 A-2	Mitteldecker (L)	Aufklärungsflugzeug	Heinkel He S 11 A	4x1 300 kp	18,00	16,50	42,25	19 500	910
1944	He 343 A-3	Mitteldecker (L)	Zerstörer	Heinkel He S 11 A	4x1 300 kp	18,00	16,50	42,25	17 460	910
1944	He 343 A-3/J	Mitteldecker (L)	Schweres Jagdflugzeug	Heinkel He S 11 A	4x1 300 kp	18,00	16,30	42,25	17 650	875
1943	He 419 A-0	Mitteldecker (L)	Höhenjäger, Kampfflugzeug	Daimler Benz 603 G	2x1 900	22,40	15,80	55,50	14 200	670
1943	He 419 A-1	Mitteldecker (L)	Höhenjäger, Kampfflugzeug	Daimler Benz 603 G	2x1 900	22,40	15,80	55,50	14 380	670
1943	He 419 B	Mitteldecker (L)	Höhenjäger	Daimler Benz 603 G	2x1 900	23,80	15,80	59,00	15 310	680
1944	He 635	Mitteldecker, Doppelr. Zug- u. Druckschr.	Langstrecken-Aufklärer	Daimler Benz 603 E	4x2 000	27,43	13,85	89,00	32 900	725
1944	Julia I	Schulterdecker (L)	Abfangjäger	Walter HWK 109-509 A	1 700 kp	4,60	6,80	7,20	1 795	980
1944	Julia II	Schulterdecker (L)	Abfangjäger	Walter HWK 109-509 A	1 700 kp	4,60	6,80	7,20	1 840	970
1944	Romeo	Schulterdecker (L)	Abfangjäger	Argus 014	475 kp	4,60	6,80	7,20	1 795	980
1944	He P 1078 A	Schulterdecker, gepfeilte Flächen, (L)	Jagdflugzeug	Heinkel He S 11	1 300 kp	8,80	9,50	16,85	4 050	980
1944	He P 1078 B	Schulterdecker, Nurflügelflugzeug, Doppelr., (L)	Jagdflugzeug	Heinkel He S 11	1 300 kp	9,40	6,10	20,30	3 900	1 025
1944	He P 1078 C	Schulterdecker, Nurflügelflugzeug, (L)	Jagdflugzeug	Heinkel He S 11	1 300 kp	9,00	6,10	17,80	3 920	1 010
1944	He P 1079 C	Mitteldecker, Tragflächen 45° gepf., (L)	Jagd- u. Aufklärungsflugzeug	Heinkel He S 11	2x1 300 kp	11,00	14,44	30,00	10 000	990
1944	He P 1079 D	Mitteldecker, Tragflächen 35° gepf., (L)	Nachtjäger	Heinkel He S 11	2x1 300 kp	12,00	13,65	30,00	10 000	950
1944	He P 1079 E	Mitteldecker, Tragflächen 35° gepf., (L)	Nachtjäger	Heinkel He S 11	2x1 300 kp	14,80	15,65	45,00	10 340	930
1944	He P 1079 A	Mitteldecker, Tragflächen 35° gepf., (L)	Nachtjäger	Heinkel He S 11	2x1 300 kp	13,00	14,25	35,00	10 000	950
1944	He P 1079 B	Mitteldecker, Nurflügelflugzeug, (L)	Nachtjäger	Heinkel He S 11	2x1 300 kp	13,00	9,00	41,50	9 300	1 015
1945	He P 1080	Mitteldecker, Nurflügelflugzeug, (L)	Jagdflugzeug	Lorin-Staustrahltr.	2x1 900 kp	9,00	8,00	18,00	3 900	1 000
1945	Wespe	Ringflügelflugzeug (L)	Senkrechtstart-Jagdflugzeug	Heinkel He S 21 PTL	2 000 PS + 790 kp	5,00	6,20	29,70 Rfl.	2 140	800

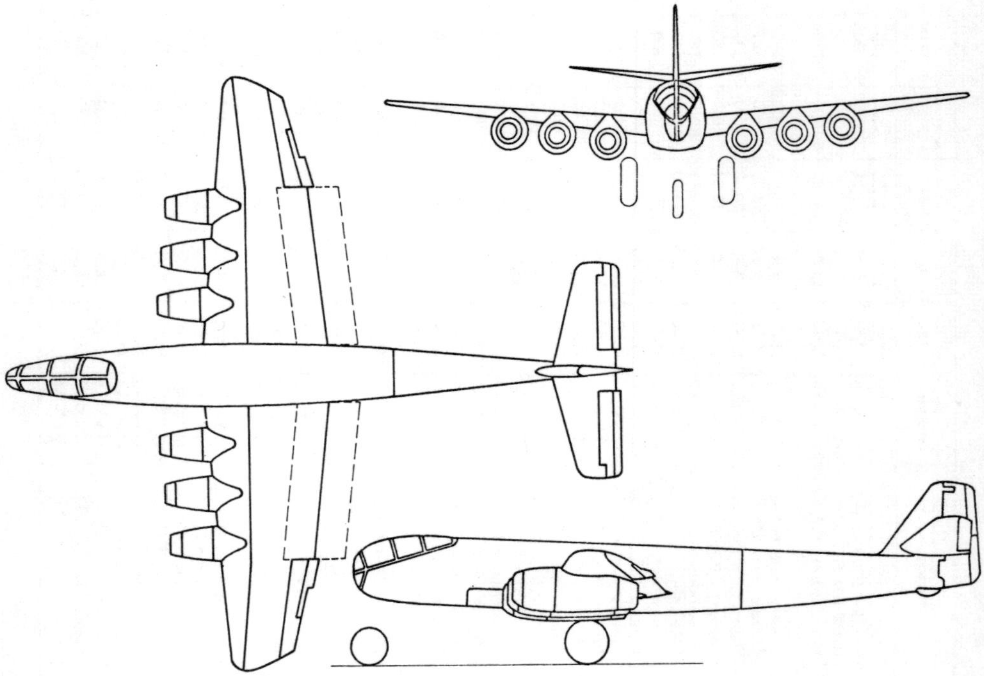

Heinkel P.1068.01.80

Heinkel P.1068.01.83

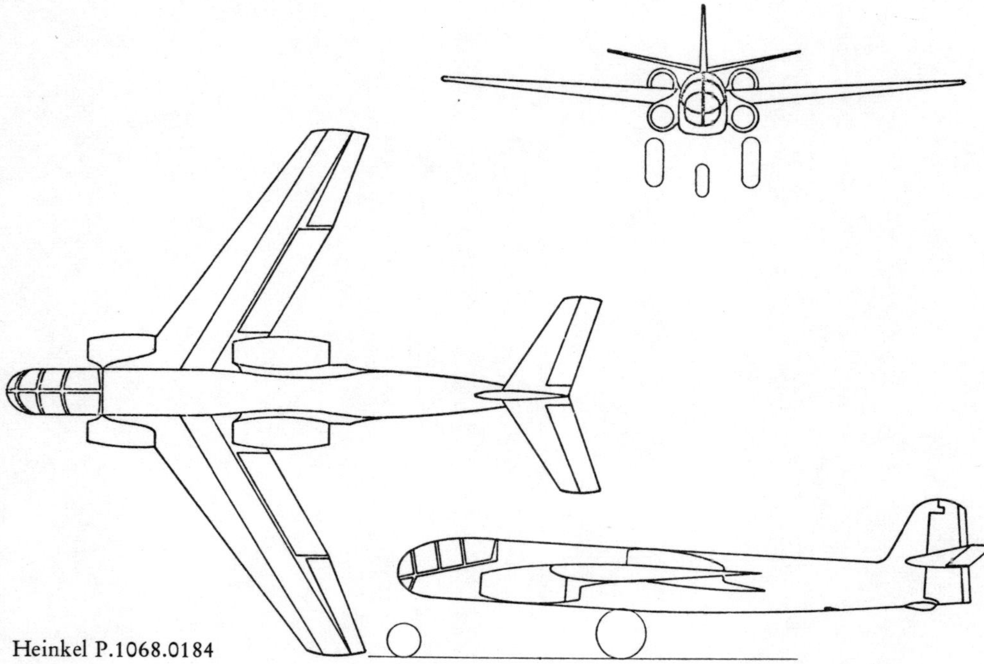

Heinkel P.1068.0184

Heinkel P.1077»Julia«

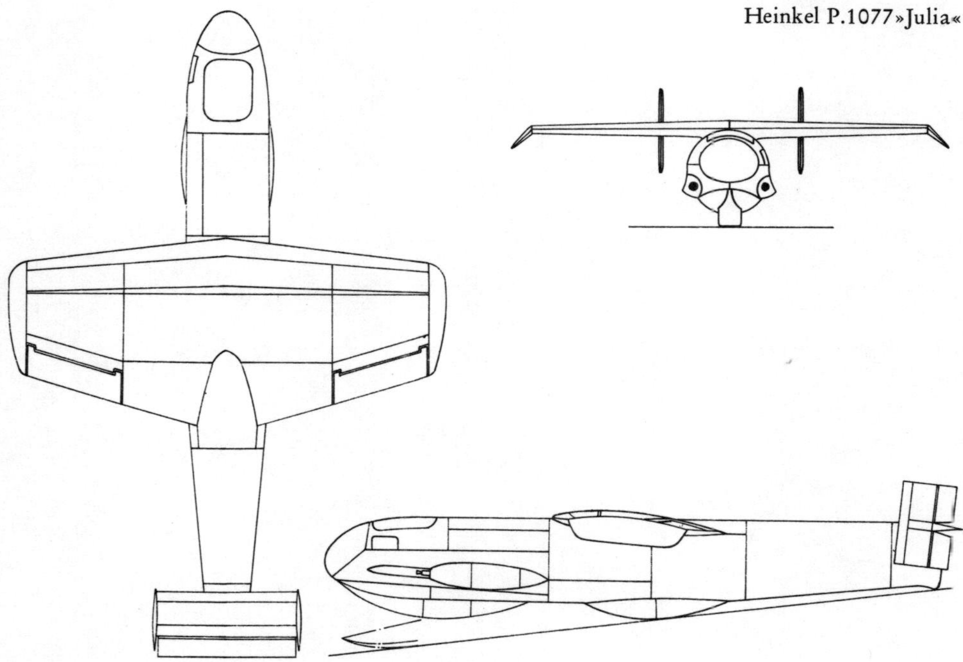

Die Entwicklung der Heinkel-Strahltriebwerke

Am 17. März 1936 traf auf Grund einer Empfehlung des Göttinger Professors Pohl Heinkel mit dem 24jährigen Physiker Pabst von Ohain zusammen, der ihm die Idee eines neuartigen Antriebes für Flugzeuge vortrug. Es handelte sich tatsächlich um ein Strahltriebwerk mit Radialkompressor. Ohain war Mathematiker und reiner Theoretiker, so daß Heinkel, der den Wert dieses neuen Triebwerks sofort erkannte, gezwungen war, auch Ohains Technischen Assistenten Hahn anzustellen.

Die Idee des Strahltriebwerks war nicht so neu, wie man glauben möchte. Bereits auf dem Pariser Aero-Salon 1913 hatte der Rumäne Coanda ein Flugzeug mit einem derartigen Triebwerk ausgestellt, das zwar nie funktioniert hat, aber das Prinzip bereits verwendet hatte.

1937 lief Ohains erstes Triebwerk, die *He S 1*, die 130 kp entwickelte. Aber erst mit der *He S 3 B* gelang dann der erste Start eines reinen Strahltriebwerkflugzeugs, der *He 178* am 24. August 1939. Die Priorität dieser deutschen Leistung steht einwandfrei fest. Der erste Flug mit der englischen Whittle-Turbine fand erst am 14. Mai 1941 statt. Das erste amerikanische Strahlflugzeug, die *Bell XP-59* flug erst am 1. 10. 1942. Die Sowjets kamen erst 1945 mit der *Jak 15*, die als Triebwerk eine erbeutete deutsche Jumo 004-Turbine hatte.

Die verantwortlichen Männer im RLM hatten Heinkel sein eigenmächtiges Vorgehen, Heinkel hatte ohne Wissen des RLM gehandelt, sehr übelgenommen. Als dann tatsächlich Entwicklungsaufträge für Strahltriebwerke erteilt wurden, wurde Heinkel, der der erste gewesen war, glatt übergangen. Erst nach der erfolgreichen Erprobung der *He 280* kam Heinkel zum Zuge. Durch Vermittlung des Generalingenieurs Wolfram Eisenlohr konnte er die durch den Tod Hellmuth Hirths verwaisten Hirth-Motorenwerke in Stuttgart-Zuffenhausen erwerben und eine Serienanfertigung von Strahltriebwerken aufbauen. Dort entstanden eine ganze Reihe Strahltriebwerke, die aber meist aus eigener Initiative entwickelt wurden ohne Auftrag des RLM. Von diesen würde die *He S 011* wahrscheinlich das leistungsstärkste deutsche Strahltriebwerk geworden sein. Das Ende des Krieges hat dies verhindert. Die Gesamtentwicklung der Heinkel-Strahltriebwerke ist aus der nachstehenden Tabelle zu ersehen.

Bau- bzw. Entw.-Jahr	Werk-Bezeichnung	RLM Bezeichnung	Entwicklungs-stand	Anzahl der gebauten Triebwerke (Bauauftrag)	Entwicklungs-Leiter	Bemerkungen	Länge mm	Durchmesser mm	Einbaugewicht kg	max. Drehzahl U/Min.	Standschub kp	Verdichtungs-verhältnis
1935–36	He S 1	–	Versuchstriebwerk mit Fremdantrieb	1	Dr. v. Ohain	Triebwerk für Prüfstandversuche	1530	1220	–	–	–	–
1936–37	He S 2 A	–	Versuchstriebwerk mit Wasserstoff-gas gefahren	1	Dr. v. Ohain	Triebwerk für Prüfstandversuche	1180	1200	–	8000	80	–
1937–38	He S 2 B	–	Versuchstriebwerk mit Kraftstoff gefahren	1	Dr. v. Ohain	Triebwerk für Prüfstandversuche mit eingebautem Kraftstoff-Einspritzgebläse	1270	1200	–	11000	130	–
1938	He S 3 A	–	Versuchstriebwerk für Freiflug	1	Dr. v. Ohain	Unter den Rumpf der He 118 V 2 (D-OVIE) montiert und geflogen	1700	1200	360	11000	450	2,6 : 1
1938–39	He S 3 B	–	Versuchstriebwerk für Freiflug	1	Dr. v. Ohain	Alleinantrieb für He 178 V 1, Erstflug am 27. August 1938	1700	1200	378	13000	500	2,8 : 1
1938–39	He S 6	–	Versuchstriebwerk für Freiflug	1	Dr. v. Ohain	Unter einer He 111 montiert, Testflüge durchgeführt	1700	1200	420	13300	590	3,0 : 1
1939–42	He S 8 A	109–001	Versuchsserie	27	Dr. v. Ohain	Antrieb für He 280	1680	775	370	13500	720	2,7 : 1
1940–42	He S 8 B	109–001 B	Versuchsserie	3	Dr. v. Ohain	Weiterentwicklung des He S 8 A (= He S 8 A V 28; V 29; V 30)	1730	775	390	13500	750	3,2 : 1
1939–42	He S 9	–	Projekt	(10)	Dr. v. Ohain	Aus He S 8 A V 15 abgeleitet. Vorstudie für He S 21 Propeller-turbine						
1939–40	He S 10	109–010	Versuchsserie	(3)	Dr. v. Ohain	Zweikreistriebwerk in Anlehnung an das He S 8 Triebwerk ent-wickelt. Bau der Triebwerke zu-gunsten des He S 11 Triebwerkes gestoppt. Nur Prüfstandergebnisse	4650	1640	500	13500	740	3,1 : 1
1940–44	He S 11 V 1 bis V 5	–	Versuchsserie	5	Dr. v. Ohain	Mit einer Diagonal-Verdichter-stufe, sonst axiale Baugruppen	3450	760 (Breite) 1050 (Höhe)	945	11100	1100	–
1941–44	He S 11 V 6 bis V 19	–	Versuchsserie	14	Dr. v. Ohain	Stark voneinander abweichende Versuchsgeräte. Prototypen für weitere Serien	3420	763 (Breite) 1080 (Höhe)	940	11000	1150	–

1944–45	He S 11 A	109–011 A-0	Serie	9	Dr. v. Ohain	Serienmuster z. T. nach dem Kriege fertiggestellt und an die Alliierten abgeliefert	3450	760 (Breite) 1082 (Höhe)	950	11000	1300	–
1943–45	He S 21	109–021	Versuchstriebwerk	(1)	Entwicklung an Fa. Daimler-Benz übergeben	Propellerturbine in Anlehnung an das He S 11 Strahltriebwerk. Entwicklung an Daimler-Benz zur Überarbeitung und Bauausführung übergeben	3530	800 (Breite) 1030 (Höhe)	1300	11000	Wellen PS 2000 +790 kp	–
1939–44	He S 30	109–006	Versuchsserie	5	Dipl.-Ing. Müller	Erste Axial-Triebwerkentwicklung der Firma Heinkel	2715	600	380	13000	750 820 erreicht	7,9 : 1
1940–42	He S 30 A ZTL	–	Projekt für Versuchstriebwerk	1	Dipl.-Ing. Stabernak Dipl.-Ing. Müller	Zweikreistriebwerk in Anlehnung an das He S 30 Triebwerk. Nur komplette Baugruppen für Prüfstand gebaut	2680	890	470	13000	1050	3,2 : 1
1940–42	He S 35 ZTL	–	Projekt für Versuchstriebwerk	1	Dipl.-Ing. Müller Dipl.-Ing. Stabernak	Doppel-Zweikreistriebwerk mit zwei nebeneinanderliegenden He S 30 Aggregaten als Hochdruckverdichterteil	2400	1860 (Breite) 1310 (Höhe)	980	13500	1100	3,2 : 1
1941–42	He S 36 PTL	–	Projekt für Versuchstriebwerk	1		Propellerturbine in Anlehnung an das He S 35 ZTL Triebwerk. Nur Berechnungsunterlagen abgeschlossen	2620	1860 (Breite) 1310 (Höhe)	1340	10000	Wellen PS 4010 +975 kp	6 : 1
1943–45	He S 40	–	Versuchstriebwerk	1	Dipl.-Ing. Müller	Bis Kriegsende nur einzelne Baugruppen hergestellt	2700	600	375	13400	940	3,1 : 1
1940–41	He S 50 d	–	Projekt für Versuchstriebwerk	(3)	Dr. Bentele	Mantelstromtriebwerk Konstruktion abgeschlossen. 24 Zyl. Dieselaggregat als Verbrennungssystem	4550	1610	670	4600	1800 (1200 PS Diesel-Motor)	–
1940–42	He S 50 z	–	Projekt für Versuchstriebwerk	–	Dr. Bentele	Mantelstromtriebwerk Konstruktion teilweise fertig, einzelne Baugruppen auf dem Prüfstand gefahren. 16 Zyl. Otto-Motor als Verbrennungssystem	3270	1480	370	6000	850 (1000 PS Otto-Motor)	–
1940–42	He S 60	–	Projekt für Versuchstriebwerk	–	Dr. Bentele	Endausführung der geplanten Mantelstromtriebwerke, 32 Zyl. Otto-Motor als Verbrennungssystem	3550	1560	800	6000	1250 (2000 PS Otto-Motor)	–

Heinkel-Bordstartanlagen

Flugzeuge HEINKELscher Konstruktion, Hansa-Brandenburg-Eindecker, wurden schon während des Krieges im Jahre 1918 zu Katapultierversuchen auf der Kaiserlichen Werft in Danzig verwendet. An Ernst HEINKEL wurde das Problem des Bordstartes, das nach dem Kriege vor allem in Amerika weiterverfolgt worden war, im Jahre 1925 durch einen japanischen Konstruktionsauftrag auf eine Ablaufbahn zur Verwendung auf einem größeren Schiffe bestimmt, wieder herangetragen. HEINKEL erbaute diese Ablaufbahn in einfacher Eisenkonstruktion und entwarf dazu zwei Flugzeugmuster (HD 25, 26) von besonders guter Startleistung, die, auf einen Wagen gesetzt, mit eigener Kraft sich von der Ablaufbahn abheben konnten. Diese erste, gutgelöste Aufgabe reizte natürlich dazu, sich mit dem mechanischen Start von Flugzeugen auch durch Katapulte (Schleuderstartbahnen) weiter zu beschäftigen, der offensichtlich eine entwicklungsfähige Zukunft vor sich hatte.

HEINKEL entschied sich dabei grundsätzlich für Preßluft als treibende Kraft für den Katapult, da ihm dieses Mittel gegenüber Pulver und elektrischem Zug, womit an anderer Stelle Versuche gemacht worden waren, die größte konstruktive Bewegungsfreiheit zu gewährleisten schien. Preßluft bot auch hinsichtlich genauester Regulierbarkeit der Startkräfte die bequemsten Möglichkeiten.

Der Aufbau der HEINKELSCHEN Katapulte *K 1* bis *K 4* sieht einen genieteten Schienenträger vor, dessen Länge dem notwendigen Beschleunigungsweg, sowie der Bremsstrecke für den Schlitten entspricht. Auf diesem Schienenträger läuft ein Schlitten, auf den das zu katapultierende Flugzeug aufgesetzt wird. Der Schlitten wird durch ein Seil gezogen, das über eine Umlenkrolle am Ende der Beschleunigungsstrecke und einen Flaschenzug geführt ist, dessen bewegliche Rollen auf der Kolbenstange eines Preßluftzylinders sitzen. Wird der Kolben durch Einlassen von Preßluft in den Zylinder vorwärts gedrückt, so überträgt sich seine Geschwindigkeit mehrfach auf den Startschlitten. Das darauf befindliche Flugzeug erhält dadurch am Ende des Katapults die nötige Abhebegeschwindigkeit, so daß es mit vollaufendem Motor den Katapult verlassen kann. Der leere Schlitten wird von Bremszangen aufgefangen und durch eine besondere Vorrichtung wieder zurückgeholt. Die mehrjährigen Konstruktionsvorarbeiten und praktischen Versuche, die die Ernst Heinkel-Flugzeugwerke der Katapultentwicklung widmeten, führten zu einer Reihe von sehr wichtigen Verbesserungen und zur Anbringung besonderer

Einrichtungen, die die Heinkel-Katapulte vor anderen Konstruktionen auszeichneten.

Die Heinkel-Katapult-Konstruktionen vermieden eine starre Verbindung des Flugzeuges mit dem Startschlitten, die während oder am Ende des Startvorganges automatisch gelöst werden müßte. Das startende Flugzeug verließ nach Zurücklegung der Startstrecke ohne weiteres die Führungen im Startschlitten. Die Verwendung von Rollenlagern mit allen ihren Nachteilen ist bei den Heinkel-Konstruktionen grundsätzlich ausgeschaltet. So besaß z. B. der Startschlitten bewegliche Gleitschuhe, welche die auftretenden großen Kräfte gleichmäßig über die entsprechende Schienenfläche verteilten. Ihre Konstruktion war so gehalten, daß eine stetige gute Schmierung erzielt wurde. Durch eingebaute Rollen am Arbeitszylinder und am Ende des Kolbenschaftes war bei den HEINKELschen Konstruktionen das Startseil derart verlegt, daß nur geringe freie Kräfte auftreten konnten, die gänzlich ohne Einfluß sind. Der Schaft des Kolbens ist als Druckstange ausgeführt, wodurch gegenüber der Anordnung als Zugstange die Stopf- bzw. Dichtungsbuchse am Arbeitszylinder ohne weiteres vermieden wird. Durch diese Art der Konstruktion bilden Arbeitszylinder und Kolbenschaft zusammen einen Flaschenzug.

Da die Beschleunigung des zu startenden Flugzeuges erst allmählich eintreten darf, um ihre unangenehme Einwirkung auf die Flugzeuginsassen zu vermeiden, ist durch die Anbringung eines Dämpfungsdornes im Arbeitszylinder dafür Sorge getragen, daß die Beschleunigung des Schlittens mit dem Flugzeug erst allmählich einsetzt. Nach etwa 15 % des Startweges bzw. nach Ablauf von ungefähr der Hälfte der Startzeit wird erst die volle Beschleunigung erreicht. Flugzeug und Beschleunigungsvorrichtung werden dadurch ohne jeden Stoß mit verminderter maximaler Kraft beansprucht.

Das Katapult *K 6,* das für die schwimmenden Stützpunkte im Südatlantik (Westfalen u. a.) war dagegen nicht schwenkbar. Ein Schwenken des Katapultes war hier nicht erforderlich, da der speziell für den Katapultdienst ausgebaute Dampfer durch Kursdrehen das Starten gegen den Wind jederzeit ermöglichen konnte. Um einen Vergleich des Großkatapultes mit den im Postdienst verwendeten Katapulten auf Dampfer »Bremen« und Dampfer »Europa« zu haben, sei darauf hingewiesen, daß bei einer Steigerung des Abfluggewichtes um das vierfache (von 3,5 t auf 14,0 t) und einer Erhöhung der Abfluggeschwindigkeit um das rund 1,4fache (von 106 km/h auf 150 km/h), die Arbeitsleistung des Großkatapultes auf das achtfache stieg. Bei diesem Katapult haben weitgehendste Verbesserungen und Neukonstruktionen Anwendung gefunden.

Daten und konstruktive Hauptmerkmale der Katapulte K 1 bis K 6

Type:		K 1	K 3	K 2	K 4	K 6
Baujahr		1927	1930	1929	1930	1932/33
Verwendung		Versuche	Bordstart v. Versuchsflugzeugen	Postdienst »Bremen«	Postdienst »Europa«	Transozeandienst »Westfalen«
Form des Schienenträgers		D	B	B	B	F
Lage des Drehpunktes hinter Gleitbahnmitte	m	10,4	2,8	4,75	4,75	
Radius des Drehsegmentes oder Drehkranzes	m	6,5	4,9	5,5	5,5	fest
Übersetzung Kolbenweg zu Beschleunigungsstrecke		1:4	1:4	1:6	1:6	1:6
Höchster Betriebsdruck	atü	90	75	85	85	160
Inhalt der Vorratsbehälter	l	460	795	990	1080	4800
Gesamtlänge des Katapultes	m	21,50	21,53	27,32	27,32	41,84
Beschleunigungsstrecke	m	11,85	15,0	20,0	20,0	31,6
Bremsstrecke	m	2,2	2,5	3,0	3,0	5,0
Bauhöhe des Katapultes	m	2,9	1,87	2,38	2,38	0,5–3,8 o. Stützen
Gesamtgewicht des Katapultes zirka	t	15	16	24	24	80
Gewicht des Startschlittens	t	0,4	0,47	0,4	0,4	1,7
Größtes Abfluggewicht	t	2,5	3,5	3,5	3,5	14
Höchste Abfluggeschw.	km/h	100	90	110	110	150
Größte Beschleunigung	g	4,9	2,8	3,0	3,0	3,5

Im Laufe der Jahre 1933–1943 entstanden noch weitere Konstruktionen, die ab Katapult *K 11* ausschließlich militärischen Zwecken dienten. Es handelte sich hauptsächlich um Katapulte und Werfer für Fernlenkgeschosse. Die einzelnen Typen sind aus nachstehender Tabelle zu ersehen:

Baujahr	Bezeichnung	Verwendungszweck	Übersetz. Kolbenweg zu Beschleun.	Betriebdruck atü	Länge m	Beschleunigungsstrecke m	Bremsweg m	Gewicht Startschlitten kg	Größtes Abfluggewicht kg	Abfluggeschwindigkeit km/h	Beschleunigung g
1933	K 7	Transozeandienst »Schwabenland«	1 : 6	160	41,84	31,60	5,50	1 700	14 000	150	3,5
1936	K 8	Holländische Marine Kreuzer »De Ruyter«	1 : 4	85	18,70	13,40	2,70	290	3 000	105	4,0
1936	K 9	Transozeandienst »Ostmark«	1 : 6	170	41,84	31,60	5,50	1 700	15 000	150	3,5
1937	K 10	Transozeandienst »Friesenland«	1 : 6	170	41,84	31,60	5,50	1 700	15 000	150	3,5
1937/1938	K 11	Deutsche Marine vorgesehen auf »Bismarck«	1 : 4	150	41,50	31,50	6,50	2 200	18 000	150	3,5
1937	K 12	Russische Marine	1 : 4	75	24,70	19,00	3,10	290	2 000	125	4,0
1943	KL 12	Landkatapult Forschungsinstitut Graf Zeppelin	1 : 1	dyn. Energiespeicher	11,80–250	100	70,00	–	13 200	200	1,8
1944	K 14	Deutsche Luftwaffe, Landkatapult	1 : 1	dyn. Energiespeicher	20,00–200	120	63,50	–	18 000	230	2,0
1944	KL 14 D	Deutsche Luftwaffe Landkatapult mit Doppeltrommel	1 : 1	dyn. Energiespeicher	21,80–250	120	60,20	–	30 000	220	1,9
1942/1944	KL 18	Deutsche Luftwaffe, Landkatapult	1 : 1	dyn. Energiespeicher 100	20,00–250	120	60,00	–	18 500	230	2,0
1942/1945	KL 18 D	Deutsche Luftwaffe, Landkatapult	1 : 1	dyn. Energiespeicher 100	20,40–200	120	60,00	–	30 000	225	2,13
1943	WR 23	Deutsche Luftwaffe Werferanlage für V 1	1 : 1	Dampfantr. Syst. Walter	52	46,15	–	–	2 300	400	17
1943	WR 23 B	Deutsche Luftwaffe Werferanlage für Hs 293	1 : 1	Dampfantr. Syst. Walter	50	45,70	–	–	2 400	400	18,2
1943	57–293 B W 80	Ortfeste schwenkbare Rohrschleuder	1 : 1	Dampfantr. Syst. Walter 70,00	48,85	46,15	14	–	2 300	390	15
1943	57–293 C W 80/2	Eisenbahnbewegliche Rohrschleuder	1 : 1	Dampfantr. Syst. Walter 73,7	43,92	41,00	14	–	2 300	390	15

Organisationsplan der Ernst Heinkel Flugzeugwerke und Ernst Heinkel AG. 1922 bis 1945

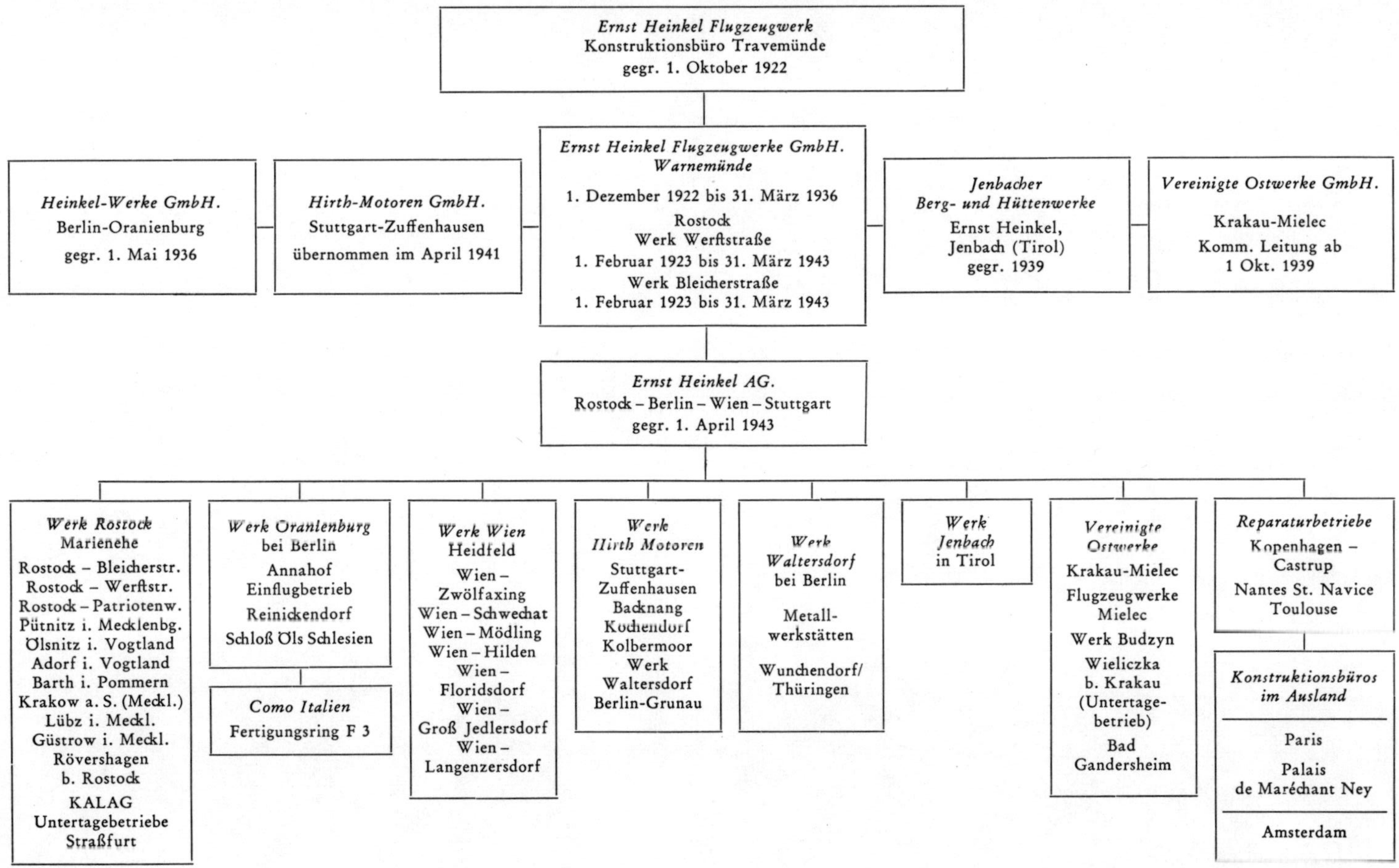

Übersetzungstafel / Translation table

Deutsch	English	Français	Español
Flügelspitze	wing tip	bout d'aile, extrémité d'aile	extremo del ala
Ölbehälter, Öltank, Schmierstoffbehälter	oil tank	réservoir d'huile	depósito de aceite
Brandschott	fire-proof bulkhead	cloison-pare-feu, paroi de protection contre l'incendie	tabique parafuego
Motor	engine, motor	moteur	motor
Triebwerksgerüst, Motorträger, Motorbock	engine mounting	bâti-moteur	bancada del motor
Auspuffstutzen Auspuffrohr	exhaust pipe	pipe-d'échappement	tubo de escape
Kühlstoffbehälter, Glycolbehälter	glycol tank	réservoir de glycol	depósito de glicol
Propellerhaube	spinner	casserole	caperuza
Flügelmittelstück	wing center-section	section centrale d'aile	sección central del ala
Flügelanschlüsse	wing junctions	attaches de l'aile	herrajes de enlace de la célula
Nasenleiste, Stirnleiste, vordere Randleiste	leading edge	bord d'attaque, arétier	borde de ataque
Holm	spar	longeron	larguero
a) Hauptholm	main spar	longeron principal	larguero principal
b) Hinterholm	rear (back) spar	longeron arrière	larguero posterior
c) Kastenholm	box spar	longeron caisson	larguero en cajón
d) Röhrenholm	tubular spar	longeron tubulaire	larguero tubular
Rippe	rib	nervure	costilla
a) Hauptrippe	main rib	nervure principal	costilla principal
b) Hilfsrippe	false rib, form rib, stiffening rib	fausse nervure nervure auxiliaire	costilla falsa
Torsionsnase, drehsteife Flügelnase	leading edge stiff against torsion	bord d'attaque résistant à la torsion	borde de ataque rìgido ala torsión
Ölfederstrebe	oleo-leg	jambe oléo-ressort	montante amortiguador de aceite
Einziehfahrgestell, Verschwindfahrwerk	retractable undercarriage	train d'atterrissage essamotable (relevable)	tren de aterrizaje replegable
Fahrgestelleinziehschacht	undercart housing	alvéole du train rentrant	compartimiento de repliegue del tren
Verriegelung	locking device	verrouillage	enclavamiento
Landescheinwerfer	landing light	phare d'atterrissage	faro de aterrizaje
Positionslichter	wing lights, positions lights	feux de position	luces de posición

Deutsch	English	Français	Español
Landeklappe	landing flap	volet d'atterrissage	aleron de aterrizaje
Landeklappen-betätigung	flap control	commande des allerons	mando de los alerones
Steuerknüppel (-rad)	control-stick, control-column, joy-stick (steering wheel, control wheel)	manche à balai, levier de commande (volant de commande, manche de commande)	palanca de mando (volante de mando)
Rumpfspant	former, frame	cloison, couple	cuaderna
Längsprofile	longitudinal stringers	lisses-longitudinales	nervios longitudinales
Stoßstange (für Leitwerk)	operating rod, push rod	poussoir de commande, tige de commande	palanca intermedia
Rumpfgerüst (Spanten und Längsprofile	fuselage frame	charpente de fuselage	armazón del fuselaje
Sanitätskasten	first-aid box, medical box	boite médicale de secours	botiquin
Anschlußpunkte (für Motoren)	points of attachment	points d'attache	puntos de unión
Radgabel, Sporngabel	wheel fork	fourche de roue	horquilla de la rueda
Gewichtsausgleich Ausgleichsgewicht Trimmgewicht	mass balance, counterweight	compensation par contrepoids	compensación por pesos
Funkgerät	wireless apparatus, W/T set	appareil radiotélegraphiques, appareil de TSF	aparato radiotelegráfico
Höhenflosse	tail plane, stabilizer, horizontal fin	plan stabilisateur, plan fixe horizontal	plano fijo de cola
Seitenflosse	vertical fin	dérive, plan fixe vertical	plano de deriva
Hilfsruder Trimmklappe	trim tab, trim flap	volet de centrage	aleta de centraje
Brennstofftank	fuel tank	réservoir à carburant	depósito de carburante
Gerätetafel, Instrumentenbrett	instrument board (panel) dash board	tableau de bord, planche de bord, planchette d'instruments	tablero de instrumentos
Kabinendach	cabin roof	toit de la cabine	techo de la cabina
Windschutzscheibe	wind-screen, wind-shield	pare-brise	para brisas
Fahrtmesser	airspeed indicator A. S. I.	indicateur de vitesse, anémomètre	indicador de velocidad, anemómatro
Künstlicher Horizont	artificial horizon	horizon artificiel	horizonte artificial
Steiggeschwindigkeits-messer	Rate-of-climb indicator, climb indicator, climbing speed indicator	indicateur de vitesse ascensionelle, variomètre	indicador dela velocidad de subida

Deutsch	English	Français	Español
Höhenmesser	altimeter	altimètre	altìmetro
a) Grobhöhenmesser	standard altimeter	altimètre ordinaire, altimètre de service courant,	altìmetro normal
b) Feinhöhenmesser	sensitive altimeter, precision altimeter	altimètre sensible, altimètre de précision	altìmetro de precisión
Kurskreisel	direction gyro, directional gyro	gyroscope de direction	giroscopio de dirección, girodireción
Wendezeiger	turn indicator	indicateur de virage	indicador de viraje
Drehzahlmesser	revolution counter, revolution indicator, tachometer, R. p. m. indicator,	compte-tours, tachymétre	contarrevoluciones
a) Ferndrehzahlmesser	distance revolution counter	tachymètre à distance	contarrevoluciones de mando a distancia
Ladedruckmesser	boost gauge, boost pressure gauge	manomètre de suralimention	manómetro de sobrealimentación
Öldruckmesser	oil pressure gauge, oil gauge	indicateur de pression d'huile, manomètre d'huile	indicador de presión de aceite
Brennstoffdruckmesser	fuel pressure gauge	indicateur de pressoin de carburant	indicador de presión de carburante
Ölthermometer	oil thermometer, oil temperature gauge	thermomètre d'huile	termómetro de aceite
Brennstoffvorratsmesser	fuel contents gauge	jaugeur de carburant	indicador de carburante
Kühlertemperaturmesser	radiator temperature gauge	thermomètre de radiateur	termómetro de radiador
Seitensteuerfußhebel	rudder bar	palonnier	palanca de pedales
Kompaß	compass	compas	compás, brújula
a) Nahkompaß	direct reading compass	compas à lecture directe	brújula de lectura directa
b) Fernkompaß	remote compass, telecompass	télé-compass	brújula a distancia
Hydraulische Pumpe	hydraulic pump	pompe hydraulique	bomba hydráulica
Klappenbetätigung	flap control	commande des ailerons	mando de los alerones
Fahrgestellbetätigung	undercarriage control	commande de train l'atterissage	mando del tren aterrizaje
Trimmung	trim compensation	centrage	centraje
Gashebel	throttle lever	manette de gaz	palanca de gases
Gemischregulierung	mixture control	réglage du mélange	control de la mezela
Bremshebel	brake lever	levier de frein	palanca de freno
Fahrgestellanzeiger	undercarriage position indicator	indicateur de position du train	indicador de posición del tren
Navigationsinstrumente	navigation instruments	instruments de navigation	instrumentos de navegación
Sprachrohr	speaking tube	tuyau acoustique	tubo acústico

Tabellenteil

Type	Zweck	Baujahr	Triebwerk Muster	x N	Abmessungen b (m)	l (m)	h (m)	F (m²)	GL (kg)
Zweidecker	Versuch	1910/11	Daimler	50	11	–	–	–	–
Albatros									
FT	Heeresflugzeug	1912	Mercedes	100	14,2	10,2	2,8	–	–
RE 1	Sportflugzeug	1912/13	Mercedes	70 od. 100	12,1	8,6	–	21	–
RE 2	Sportflugzeug	1912/13	Mercedes	70 od. 100	12,1	8,6	–	21	–
WRE	Sportflugzeug	1912/13	Mercedes	75	12,1	8,6	–	21	–
Amphibium	Sportflugzeug	1912/13	Mercedes	100	12,6	8,6	–	25	–
WDD	Marineflugzeug	1913	Benz	100	14,3	8,0	–	40	–
D	Heeresflugzeug	1914	Mercedes	100	14,5	8,5	3,5	36	580
DD	Heeresflugzeug	1914	Mercedes	100/120	12,8	8,0	3,4	36	580
DDK	Sportflugzeug	1914	Benz	100	–	–	–	–	–
Hansa-Brandenburg									
D	Schulflugzeug	1914	Benz	110	13,12	8,45	–	43,46	–
FD	Schulflugzeug	1914	Argus	100	13,12	8,20	–	43,46	–
W	Seeflugzeug	1914	Benz	150	16,5	15,7	–	57,65	1 200
LDD	Aufklärer	1915	Mercedes	100	13,12	8,20	–	43,46	
DD	Aufklärer	1915	Mercedes	100	13,12	8,20	–	43,46	
NW	Seeflugzeug	1915	Mercedes	160	16,27	9,85	–	55,0	1 020
MLD	Jagdflugzeug	1915	Benz	150	16,5	10,3	–	55,8	–
FB	Flugboot	1915	Benz	150	16,0	10,18	–	45,0	1 140
ZM	Bomber	1915	Maybach	2x160	27,5	15,7	–	144	–
GF	Bomber	1915	Austro-Daimler	2x160	18,0	–	–	69,7	1 760
LW	Seeflugzeug	1915/16	Mercedes	160	12,40	9,50	–	42,6	994
KDD	Aufklärer	1916	Austro-Daimler	160	11,26	–	–	–	–
KF	Jagdflugzeug	1916	Benz	150	11,6	8,48	–	38,6	760
KD	Jagdflugzeug	1916	Austro-Daimler	160	8,5	6,35	–	23,98	672
KDW	Jagdflugzeug See	1916	Maybach	160	9,3	7,86	–	29,15	759
CC	Jagdflugboot	1916	Benz	150	9,3	9,15	–	26,5	801
Brandbg.-Phönix									
KDW	Jagdflugboot	1916	Austro-Daimler	185	9,3	9,15	–	26,5	801
Brandbg.-Phönix									
DrI	Jagdflugboot	1916	Austro-Daimler	185	9,3	9,15	–	26,5	–
GW	Torpedoflugzeug	1916	Mercedes	2x160	21,56	11,74	–	103,4	2 374
GDW	Torpedoflugzeug	1916	Benz	2x220	24,3	15,8	–	134	2 950
W 11	Jagdflugzeug See	1916	Benz	220	10,10	8,10	–	31,42	933
W 12	Kampfflugzeug	1916	Mercedes	160	11,2	9,6	–	16,2	1 000
W 13	Flugboot	1916	Austro-Daimler	350	20,40	13,2	–	81,2	1 530
W 16	Jagdflugzeug See	1916	Oberursel	160	9,11	7,35	–	23,0	659
GNW	Seeflugzeug	1916/17	Mercedes	160	16,2	9,65	–	55,15	1 100
KW	Seeflugzeug	1916/17	Benz	220	16,3	16,53	–	–	1 471
K	Aufklärer	1917	Austro-Daimler	200	9,40	7,40	–	28,63	736
L 14	Jäger	1917	Hiero	200	10,2	–	–	33,5	–
L 15	Aufklärer	1917	Austro-Daimler	350	13,8	8,74	–	52,66	875
L 16	Jäger	1917	Austro-Daimler	185	9,0	–	–	33,50	740
W 18	Aufkl. Fl. Boot	1917	Hiero	200	10,7	8,15	–	34,35	1 015
W 19	Aufkl. See	1917	Maybach	260	13,8	10,65	–	57,80	1 435
W 20	U-Boot-Flugzeug	1917	Oberursel	80	6,8	5,93	–	15,82	395
W 23	Aufkl. Fl. Boot	1917	Mercedes	160	10,7	9,13	–	34,7	918
W 25	Aufkl. See	1917	Benz	150	10,4	8,6	–	30,53	912
W 26	Aufkl. See	1917	Mercedes	260/275	18,8	12,79	–	86,30	1 675
W 27	Aufkl. See	1918	Benz	195	11,20	8,32	–	36,60	1 109
W 29	Kampfflugzeug	1918	Benz	150 od. 185	13,5	9,35	–	31,60	1 000
W 32	Schulflugzeug	1918	Mercedes	160	11,20	8,32	–	36,06	1 063
W 33	Kampfflugzeug	1918	Maybach	260	15,85	11,10	–	44,60	1 470
W 34	Kampfflugzeug	1918	Fiat	300	16,60	11,10	–	49,00	1 534
W 35	Aufkl. Fl. Boot	1918	Basse u. Selve	2x300	25,00	17,22	–	112	3 167
W 37	Kampfflugzeug	1918	Maybach	260	17,5	12,65	3,85	–	1 600

Gewichte GF (kg)	Leistungen Vmax (km/h)	in H (m)	VReise (km/h)	VLande (km/h)	VSteig (m/min)	VSteig (min	f. m)	Rw. (km)	Gipfh. (m)	Be-satzung	Bemerkungen
–	–	–	–	–	–	–	–	–	–	1–2	
–	95	–	–	–	–	–	–	–	–	2	
–	180	–	–	–	–	–	–	–	–	2	
–	190	–	–	–	–	–	–	–	–	2	
–	115	–	–	–	–	–	–	–	–	2	
–	100	–	–	–	–	–	–	–	500	2	
–	120	–	–	–	–	–	–	–	–	2	
780	105	–	–	–	–	8	800	–	–	2	
780	115	–	–	–	–	5¼	800	450	–	2	
–	–	–	–	–	–	–	–	–	–	1	
–	–	–	–	–	–	–	–	–	–	2	
–	–	–	–	–	–	–	–	–	–	2	Brandbg.-Phönix BI (Fd)
1 830	90	–	–	–	–	–	–	450	–	2	
										2	Brandbg.-Phönix CI 1–2 MG
										2	Brandbg.-UFAG CI 1–2 MG
1 648	122	–	–	–	–	–	–	600	–	2	FT-Anlage
–	–	–	–	–	–	–	–	–	–	2	1 MG
1 620	140	–	–	–	–	22	2 000	1 100	–	2	1 MG, FT-Anlage
–	–	–	–	–	–	–	–	–	–	3	2 MG, 250 kg Bomb.
2 640	140	–	–	–	–	–	–	–	–	3	Brandbg.-UFAG GI
1 555	131	–	–	–	–	–	–	400	–	2	1 MG
–	–	–	–	–	–	–	–	–	–	2	Brdbg.-UFAG KDD
1 290	–	–	–	–	–	–	–	–	–	2	1 MG
920	187	–	–	–	–	–	–	–	–	1	Brandbg.-Phönix DI 2 MG
1 039	172	–	–	–	–	16	3 000	500	–	1	Brandbg.-UFAG DI 2 MG
1 081	160	–	–	–	–	13	2 000	500	–	1	2 MG
1 081	160	–	–	–	–	4	800	500	–	1	2 MG
–	–	–	–	–	–	–	–	–	–	1	2 MG
3 856	127,5	–	–	–	–	29,1	1 000	500	–	3	1 MG, 1 Torpedo
4 865	130	–	–	–	–	45	2 000	750	–	3	1 MG, 1 Torpedo
1 233	176	–	–	–	–	16,5	3 000	350	–	1	2 MG
1 463	160	–	–	–	–	20	2 000	500	–	2	3 MG
2 850	140	–	–	–	–	–	–	800	–	2–3	1 MG
935	170	–	–	–	–	27	3 000	340	–	1	2 MG
1 743	115	–	–	–	–	26	2 000	600	–	2	
2 135	134	–	–	–	–	14,3	1 000	–	–	2	1 MG
1 100	–	–	–	–	–	3,5	1 000	–	–	2	Brdbg.-UFAG KD u. Phönix CII
–	190	–	–	–	–	–	–	–	–	1	2 MG
1 500	–	–	–	–	–	–	–	–	–	2	
935	190	–	–	–	–	4	1 000	–	–	1	
1 145	160	–	–	–	–	5	1 000	–	–	1	2 MG
2 100	151	–	–	75	–	8,4	1 000	–	–	2	2–3 MG, FT-Anlage
567	117	–	–	–	–	14,9	1 000	–	–	1	
1 261	165	–	–	–	–	38,3	3 000	–	–	2	1 MG
1 182	160	–	–	–	–	6,5	1 000	–	–	1	2 MG
2 490	135	–	–	–	–	–	–	1 100	–	2	2 MG, FT-Anlage
1 619	170	–	–	–	–	–	–	680	–	2	3 MG
1 463	178	–	–	96	–	5,9	1 000	750	–	2	3 MG
1 544	160	–	–	–	–	11,6	1 000	700	–	2	3 MG, Umbau aus W 27
2 100	170	–	–	–	–	–	–	–	–	2	3 MG
2 270	175	–	–	–	–	–	–	700	–	2	Japan: Aichi 15–Ko »Mi–Go«
4 650	165	–	–	–	–	19,8	1 500	–	–	3	Projekt
2 360	160	–	–	–	–	–	–	–	–	2	Projekt

Type	Zweck	Baujahr	Triebwerk Muster	x N	Abmessungen b (m)	l (m)	h (m)	F (m²)	GL (kg)
Caspar									
S 1	Verk. Flz. See	1922	Maybach	260	17,5	12,65	3,85	–	1 600
U 1	U-Boot-Flugzeug	1923	Siemens	60	7,2	6,2	2,33	–	350
Heinkel									
HE 1 (S 1)	Aufkl. See	1922	Armstrong Siddeley	240	13,5	9,3	–	31,6	1 010
2 (S 2)	Aufkl. See	1922	Rolls-Royce Eagle	360	17,5	12,65	–	52,5	1 700
3 L	Schulflugzeug	1923	Siemens Sh6	100	12,0	7,12	–	20,0	556
3 W	Schulflugzeug See	1923	Siemens Sh6	100	12,0	8,5	–	20,0	605
4	Aufkl. See	1926	Rolls-Royce Eagle	360	18,0	12,5	–	52,5	1 750
5a	Aufkl. See	1926	Napier Lion	450	16,8	11,8	–	48,94	1 650
5b	Aufkl. See	1926	Gnome Jupiter	420	16,8	11,8	–	48,94	1 530
5e	Aufkl. See	1928	BMW VI 7,3 Z	750	16,8	11,8	–	48,94	1 950
6	Postflugzeug See	1927	Packard 3 A 2500	800	18,2	13,18	4,65	60,9	2 800
7	Torpedoflugzeug See	1927	Gnome Jupiter 9	2x450	24,0	16,0	–	93,42	3 800
8	Aufkl. See	1928	A. S. Jaguar IV	385	16,8	11,5	–	47,0	1 535
9a	Aufkl. See	1929	BMW VI 7,3 ZU	500/750	16,8	11,6	–	46,49	2 130
9b	Aufkl. See	1929/30	BMW VI Z	500/600	16,8	11,6	–	48,48	2 050
10	Versuchsflugzeug	1928	BMW VI 7,3 ZU	500/750	18,2	13,1	–	60,89	2 540
12	Postflugz. See	1927	P. u. W. Hornet A.	450	16,8	11,6	–	48,46	1 580
HD 14	Torpedoflugzeug	1925	Fiat	600	19,0	14,7	–	103,3	3 400
15	Flugboot	1927	Gnome Jupiter VI	450	12,4	10,7	–	44	1 450
16 L	Torpedoflugzeug	1928	A. S. Leopard	675	18,0	12,2	–	96,9	2 170
16 W	Torpedoflugzeug	1928	A. S. Leopard	675	18,0	13,0	–	96,9	2 570
17	Aufklärer	1924	Napier Lion	450	12,8	9,18	–	40,6	1 380
HE 18 L	Sportflugzeug	1924	Junkers L 1b	80	11,1	7,2	–	17,4	490
18 W	Sportflugzeug See	1924	Siemens Sh 5	80	11,1	7,8	–	17,4	545
HD 19 L	Aufklärer	1928	Bristol Jupiter VI	410	11,0	7,8	–	31,6	1 010
19 W	Aufklärer See	1928	Bristol Jupiter VI	410	11,0	9,0	–	31,6	1 175
20	Luftbildflugzeug	1926	Wright Whirlwind	2x200	12,8	9,45	–	39,8	1 300
21	Schulflugzeug	1924	Mercedes D 2	120	10,0	7,2	–	27,4	680
22	Übungsflugzeug	1926	BMW IV od. Ju. L 5	230 od. 400	12,0	8,3	–	34,8	1 050
23	Jäger	1926	BMW VI	500/660	10,8	7,55	–	36,0	1 470
24 L	Schulflugzeug	1926	BMW IV	230	14,2	8,6	–	50,1	1 300
24 W	Schulflugzeug See	1926	BMW IV	230	14,2	9,8	–	50,1	1 406
25	Borderkunder	1925	Napier Lion	450	14,85	9,6	–	55,8	1 550
26	Borderkunder	1925	Hispano-Suiza	300	11,8	8,3	–	37,84	1 100
27	Frachtflugzeug	1925	Liberty	400	13,6	9,2	–	51,6	1 275
28	Aufklärer See	1927	Lorraine-Dietrich	650	15,0	11,0	–	59,5	2 365
29	Schulflugzeug	1925	Mercedes D 1	100	10,5	7,2	–	27,7	680
30	Sanitätsflugzeug	1928	Gnôme Jupiter VI	450	12,4	10,3	–	46,89	1 695
HE 31	Aufklärer See	1928	Packard 3 A 2500	800	16,8	12,2	–	47,6	2 240
HD 32	Schulflugzeug	1925	Siemens Sh 12	100	10,5	6,8	–	24,3	510
33	Aufklärer	1925	BMW VI	500/660	12,8	9,4	–	43,3	1 620
34	Bomber	1928	BMW VI 7,3 Z	2x500/750	18,0	11,7	–	85,4	3 000
35	Schulflugzeug	1926	Mercedes D 2	120	11,0	7,5	–	32,4	760
36	Schulflugzeug	1927	Mercedes D 3	160	11,0	7,5	–	30,75	940
37	Jäger	1928	BMW VI 7,3 Z	500/750	8,5	7,0	–	26,71	1 267
38a L	Jäger	1929	BMW VI 7,3 Z	500/750	10,0	8,8	–	30,15	1 445
38 W	Jäger See	1929	BMW VI 7,3 Z	500/750	10,0	8,8	–	30,15	1 585
39	Zeitungsflugzeug	1926	BMW IV	230	14,8	10,0	–	52,3	1 320
40	Zeitungsflugzeug	1927	BMW VI	450/600	10,0	12,0	–	75,4	2 280
41	Fl. Prüfstand	1929	Siemens Jupiter	504	11,5	9,81	–	34,57	1 700
42	Übungsflugzeug See	1931	Junkers L 5 Ga	380	14,0	10,3	–	56,03	1 535
43	Jäger	1931	BMW VI 7,3 Z	500/750	10,0	7,5	–	26,72	1 210
44	Fl. Prüfstand	1929	BMW VI 5,5 ZU	500/640	17,6	12,2	–	75,5	2 050
He 45c	Aufklärer	1933	BMW VI 7,3 Z	750	11,5	10,0	3,6	34,5	2 105
He 46d	Aufklärer	1933	Bramo 322 B	600	14,0	9,5	4,2	32,2	1 765
He 49 L	Jäger	1932	BMW VI 7,3 Z	750	11,0	8,2	–	27,2	–
49 W	Jäger See	1932	BMW VI 7,3 Z	750	11,0	8,6	–	27,2	–
50	Stuka	1932	Bramo 322 B	600	11,5	9,0	4,5	34,8	1 600
He 51 L	Jäger	1933	BMW VI 7,3 Z	750	11,0	8,4	3,2	27,2	1 470

Gewichte GF (kg)	Leistungen V_{max} (km/h)	in H (m)	V_{Reise} (km/h)	V_{Lande} (km/h)	V_{Steig} (m/min)	V_{Steig} (min	f. m)	Rw. (km)	Gipfh. (m)	Besatzung	Bemerkungen
2 300	160	–	–	–	–	–	–	–	600	3	
500	150	–	–	–	–	6	1 000	600	3 000	1	Japan: Yokosho Type 1
1 460	168	–	–	84	–	–	–	–	3 500	2	bei Caspar gebaut
2 450	185	–	–	84	–	5	1 000	–	3 800	2	bei Caspar gebaut
936	150	–	–	78	–	5,5	1 000	–	4 200	3	
985	140	–	–	80	–	6,5	1 000	–	3 800	3	
2 500	180	–	–	87	–	4,5	1 000	–	3 800	3	
2 500	209	–	–	86	–	8,3	2 000	–	5 800	2–3	
2 500	200	–	–	85	–	8,8	2 000	–	5 000	2–3	
2 900	230	–	185	88	–	7,4	2 000	950	6 000	2–3	
6 000	205	–	170	98	–	13,5	1 000	–	2 350	3	
6 000	200	–	–	89	–	5,9	1 000	–	2 300	3	
2 365	216	–	–	93	–	3	1 000	–	6 200	2	
3 000	260	–	–	91	–	5,1	2 000	–	5 900	2–3	
3 150	238	–	–	95	–	9	2 000	–	4 350	3	
4 800	246	–	–	106	–	5,1	1 000	–	4 000	3–5	
2 600	216	–	–	95	–	3,2	1 000	–	4 000	2	Katapultfähig
5 600	175	–	–	89	–	8,5	1 000	–	4 000	3	
2 350	172	–	–	85	–	3,6	1 000	–	4 300	2	Katapultfähig
4 170	205	–	–	80	–	5,8	1 000	–	4 000	3	bei SAAB gebaut
4 570	195,7	–	–	86	–	6,8	1 000	–	3 300	3	bei SAAB gebaut
2 200	220	–	–	90	–	3,5	1 000	–	6 500	2	USA: Cox-Klemin CO-1, –2
720	145	–	–	78	–	9	1 000	–	3 200	2	auch Sh5 80 PS
775	140	–	–	80	–	14	1 000	–	2 500	2	
1 560	228	–	–	84	–	6,25	3 000	–	7 700	2	
1 725	215	–	–	90	–	2,4	1 000	–	6 400	2	
1 955	191	–	–	83	–	4,2	1 000	–	4 700	2	
980	142,5	–	160	73	–	6	1 000	–	4 000	2	
1 550	189,3	–	–	78	–	8,1	2 000	950	5 300	2	
2 070	249	–	–	88	–	5,8	3 000	–	5 800	1	Japan: Aichi Type H
2 150	180	–	–	70	–	3,9	1 000	–	4 500	2	
2 000	168	–	150	76	–	4,6	1 000	600	4 000	2	
2 500	190	–	–	77	–	3	1 000	–	5 800	2	Japan: Aichi Type 2, 2sitzig
1 677	185	–	–	77	–	4	1 000	–	5 200	1	Japan: Aichi Type 2, 1sitzig
2 330	205	–	–	81	–	4	1 000	–	6 500	1	
3 850	198	–	–	95	–	4,1	1 000	–	4 500	3	
950	135	–	–	70	–	9,5	1 000	–	3 100	2	
2 482	215	–	–	90	–	5	1 000	–	4 500	2	
3 110	250	–	–	95	–	2,5	1 000	–	5 200	2	
900	140	–	–	70	–	7,5	1 000	–	3 800	2	
2 750	246,5	–	–	90	–	11,4	3 000	–	6 200	2	
4 500	266	–	–	86	–	1,8	1 000	–	7 600	3–4	
1 060	138	–	–	71	–	9,2	1 000	–	3 300	3	
1 250	130	–	–	70	–	3,7	1 000	–	5 000	2	
1 685	312	–	–	96	–	3,8	3 000	–	9 400	1	
1 870	298	–	–	95	–	2,4	2 000	–	7 000	1	Katapultfähig
2 000	285	–	–	95	–	1,2	1 000	–	6 650	1	
2 160	166	–	–	68	–	6,6	1 000	–	3 800	2	
3 850	163	–	–	85	–	9,5	1 000	–	3 500	2–8	
2 435	237	–	–	95	–	–	–	–	500	2	auch BMW VI
2 170	192	1 000	185	80	–	13,4	2 000	800	4 200	2	
1 630	322	–	–	95	–	12	6 000	–	8 000	1	
3 120	206	–	–	77	–	6,2	2 000	–	5 500	4	
2 745	290	0	220	105	–	2,4	1 000	1 200	5 500	2	1 MG 17, 1 MG 15
2 300	260	0	200	95	–	2,6	1 000	–	6 000	2	1 MG 15
1 950	325	0	–	–	–	1,4	1 000	–	8 000	1	2 MG 17
1 970	310	0	–	–	–	1,5	1 000	–	7 500	1	2 MG 17
2 620	235	0	200	95	–	3	1 000	–	6 400	2	Japan: Aichi D 1 A 2
1 900	330	0	280	95	–	16,5	6 000	700	7 700	1	2 MG 17

Type	Zweck	Baujahr	Triebwerk Muster	Triebwerk x N	Abmessungen b (m)	Abmessungen l (m)	Abmessungen h (m)	Abmessungen F (m²)	G_L (kg)
51 W	Jäger See	1933	BMW VI 7,3 Z	750	11,0	9,1	–	27,2	1 565
HD 55	Flugboot	1930	Sh Jupiter VI 6,3	500	14,0	10,4	–	56,9	1 520
56	Versuchsbau	1932	Japan-Motor	300	11,7	8,48	3,67	36,7	1 088
HE 57	Amphibium	1931	PuW Wasp	400	16,0	11,8	–	39,2	1 820
58	Postflugzeug	1930	PuW Hornet	450	17,2	11,8	–	49,4	1 850
He 59 V-1	Bomber	1932	BMW VI 6,0 ZU	2x660	23,7	17,7	–	153,2	5 240
59 D	Mzw. Fl. See	1933	BMW VI 6,0 ZU	2x660	23,7	17,4	7,1	153,2	6 330
60 B-2	Aufklärer See	1933	BMW VI 6,0 ZU	660	13,5	11,5	5,3	56,2	2 775
61	Aufklärer	1933	BMW VI 6,0 ZU	660	11,5	10,0	–	34,6	1 695
62	Aufklärer See	1933	Siemens Jupiter	450	11,9	8,7	–	38,0	–
63 L	Schulflugzeug	1932	Argus As 10	220	10,0	8,2	2,7	24,37	800
63 W	Schulflugzeug See	1932	Argus As 10	220	10,0	8,65	3,0	30,36	1 000
64	Sportflugzeug	1932	Argus As 8 R	130	9,8	8,3	–	14,4	470
65	Postflugzeug	1932	BMW Hornet	575	14,3	11,6	–	35,2	–
66	Sturzbomber	1932	Siemens Jupiter	450	11,5	9,7	4,15	34,8	1 310
70	Verkehrsflugzeug	1932	BMW VI 60 Z	630	14,8	11,7	3,1	36,5	2 340
70 F	Aufklärer	1933	BMW VI 60 Z	630	14,8	11,7	3,1	36,5	2 300
71	Sportflugzeug	1933	Hirth HM 4	78	9,5	6,97	–	12,9	335
72	Schulflugzeug	1933	BMW-Bramo SH 14a	160	9,0	7,5	2,7	20,7	540
72 W	Schulflugzeug See	1933	BMW-Bramo SH 14a	160	9,0	7,5	2,7	20,7	620
74	Übungsjäger	1935	Argus As 10c	240	8,15	6,45	2,20	14,95	790
100 V-1	Jäger	1938	DB 601 A	1050	9,42	8,17	–	14,4	–
100 V-8	Rekordflugzeug	1939	DB 601 R	1800	7,6	8,18	–	11,0	–
111 A-1	Bomber	1936	BMW VI 6,0 Z	2x660	22,6	17,5	4,4	87,6	–
111 B-1	Bomber	1936	DB 600 C	2x880	22,5	17,5	4,4	87,6	5 840
111 C	Verkehrsflugzeug	1936	BMW VI 6,0 Z	2x660	22,6	17,5	4,4	87,6	5 515
111 D-1	Bomber	1936	DB 600 Ga	2x1050	22,6	17,5	–	87,6	–
111 E-1	Bomber	1936	Jumo 211 A-1	2x1000	22,5	17,5	3,19	87,6	–
111 F-1	Bomber	1936	Jumo 211 A-3	2x1100	22,6	17,5	3,19	87,6	–
111 G-3	Verkehrsflugzeug	1936	BMW 132 H	2x880	22,6	17,2	4,3	87,6	–
111 P-1	Bomber	1937	DB 601 Aa	2x1150	22,6	16,4	4,0	86,5	8 015
111 H-6	Bomber	1939	Jumo 211 F-1	2x1300	22,6	16,4	4,0	86,5	7 720
111 H-16	Bomber	1941	Jumo 211 F-2	2x1340	22,6	16,4	4,0	86,5	–
111 Z 1	Schleppflugzeug	1943	Jumo 211 F-2	5x1340	35,4	16,7	4,0	147,0	21 400
112 A	Jäger	1935	Jumo 210 Da	690	11,5	8,9	3,7	21,6	1 000
112 B	Jäger	1937	Jumo 210 Ea	680	9,1	9,3	3,85	17,0	1 620
113	Jäger	1939	DB 601 Aa	1100	9,4	8,1	3,53	14,5	1 035
114 A	See-Aufklärer	1937	BMW 132 K	830	13,6	11,9	5,15	42,3	2 340
115 B-1	See-Mehrzwfl.	1940	BMW 132 K	2x830	22,28	17,3	6,62	86,7	6 715
115 C-1	See-Mehrzwfl.	1939	BMW 132 K	2x830	22,28	17,3	6,62	87,5	6 800
116 A	Postflugzeug	1937	Hirth HM 508 C	4x170	22,0	13,7	3,3	62,9	4 050
118 A	Stuka	1936	DB 600 C	800	15,1	11,9	4,51	37,7	2 700
119 V-2	Bomber	1937	DB 606	2700	20,1	17,0	4,25	58,0	–
119 V-5	See-Aufklärer	1937	DB 606 A-2	2x2350	16,0	15,5	–	50,0	–
120 Proj.	Flugboot	1938	Jumo 205 C	4x800	35,0	28,0	–	170,0	–
162 A-1	Jäger	1945	BMW 003 E	932 kp	7,2	9,25	2,55	11,2	1 800
170	Aufklärer								
172 V-1	Schulflugzeug	1934	Sh 14 A-4	160	9,0	7,56	2,7	20,7	
176	Versuchsbau	1939	Walther HWKR	690 kp	5,0	5,2	1,44	5,4	900
177 A-0	Bomber	1940	DB 606	2x2700 PS	31,44	20,4	6,7	100,0	185 00
177 A-3	Bomber	1941	DB 606	2x2700 PS	31,44	22,0	6,7	100,0	–
177 A-5	Bomber	1943	DB 610	2x2900 PS	31,44	22,0	6,7	100,0	–
177 A-7	Bomber	1944	DB 610 A/B	2x2975 PS	36,0	22,0	6,7	108,0	–
177 B-0	Bomber	1944	BMW 801 E	4x2000 PS	32,8	22,52	6,7	108,0	–
178	Versuchsbau	1939	He S 3 B	500 kp	7,2	7,48	–	9,10	–
219 A-0	Nachtjäger	1943	DB 603 A	2x1750 PS	18,50	15,54	4,1	44,5	9 205
270	Aufklärer	1938	DB 601 A	1175 PS	14,8	11,8	3,1	36,5	2 500
274	Bomber	1945	DB 603 A	4x1570 PS	44,1	22,3	–	170,0	21 500
280 V-1	Jäger	1940	He S 8 A	2x885 kp	12,2	10,2	3,06	21,5	2 150
280 V-5	Jäger	1943	He S 8 A	2x600 kp	12,2	10,2	3,06	21,5	2 150
CM 191	Reiseflugzeug		Turbomeca Marboré VI	2x480 kp	12,02	9,93	3,20	18,83	2 320
He 211 B-1	Verkehrsflzg. (Proj.)	1958	GE CF 700	2x1925 kp	14,7	19,15	4,72	35	5 500

Gewichte	Leistungen									Be-	
GF (kg)	Vmax (km/h)	in H (m)	VReise (km/h)	VLande (km/h)	VSteig (m/min)	VSteig (min	f. m)	Rw. (km)	Gipfh. (m)	satzung	Bemerkungen
1 990	318	0	250	100	–	–	–	–	7 400	1	2 MG 17
2 220	194	–	–	71	–	4	1 000	–	4 600	2	USSR-KR-1
1 500	296	–	–	95	–	–	–	–	3 270	2	Japan: E 3 A 1, 2 MG 7,7 mm
2 520	180	–	–	95	–	6,9	1 000	–	3 800	6	
3 140	204	–	–	93	–	11,4	2 000	–	3 800	2	
7 950	230	–	220	85	–	–	–	–	3 800	4	
9 000	220	–	215	87	–	4,8	1 000	1 750	3 500	4	3 MG 15
3 400	245	–	220	90	–	3,2	1 000	950	5 000	2	1 MG 17, 1 MG 15
2 580	270	–	240	95	–	–	–	–	6 000	2	2 MG, China-Exp.
–	290	–	–	90	–	–	–	–	4 000	2	2 MG, Japan-Exp.
1 250	201	–	–	76	–	12,7	2 000	–	3 900	2	
1 400	177	–	–	64	–	8	1 000	–	3 000	2	
780	245	–	–	52	–	3,9	1 000	–	6 000	2	
4 308	325	–	–	–	–	–	–	–	–	2+6	
2 235	247	–	190	90	–	8,8	2 000	810	5 680	2	Japan: Aichi 8-shi
3 460	370	–	325	105	–	5,5	2 000	820	5 500	2+6	
3 420	375	–	325	105	–	5,5	2 000	920	5 250	3–4	1 MG 17, 1 MG 15, 300 kg Bomben
670	212	–	160	80	–	3,7	1 000	2 000	5 750	1	
865	185	–	170	68	–	6	1 000	475	3 500	2	
950	175	–	165	85	–	7	1 000	475	3 050	2	
1 017	280	–	250	88	–	2,6	1 000	480	4 800	1	1 MG 17
2 555	420	–	–	–	–	–	–	–	–	1	
2 475	750	–	–	–	–	–	–	–	–	1	
8 400	310	–	–	–	–	–	–	–	–	3	
9 315	370	4 000	345	–	–	–	–	910	7 000	4	3 MG 15, 1500 kg Bomben
9 610	310	–	300	92	–	–	–	1 000	4 800	2/10	
8 800	410	–	–	–	–	–	–	–	–	4	
10 600	430	–	–	–	–	–	–	–	–	4	
10 600	440	–	–	–	–	–	–	–	–	4	
8 460	345	–	–	110	–	–	–	–	–	2/10	
13 000	425	4 500	350	–	–	–	–	950	7 400	4	
14 000	440	5 200	300	130	–	20	5 200	2 800	8 400	5	
14 000	440	5 200	300	130	–	18	5 200	2 800	8 500	5	
28 400	480	8 000	392	–	–	–	–	–	10 000	7	
2 230	510	3 600	445	–	–	1,2	1 000	1 100	8 000	1	3 MG 17
2 250	485	–	455	125	–	10	6 000	1 100	8 500	1	2 MG 17, 2 MG/FF
2 440	698	4 900	660	150	–	4	4 000	900	10 500	1	1 MG/FFM, 2 MG 17
3 420	292	0	265	95	–	3	1 000	1 050	4 800	2	1 MG 17, 1 MG 15
10 400	295	0	–	100	–	–	–	2 600	5 200	3	2 MG 15, 1 Torpedo
10 680	290	0	–	100	–	–	–	–	5 000	3	
7 130	375	3 000	285	105	–	8	2 000	3 000	7 600	3	
4 120	395	6 000	335	115	–	12,8	4 000	1 250	8 800	1–2	2 MG 17, 1 MG 15
8 600	600	–	–	–	–	–	–	–	–	2	
8 700	550	–	–	–	–	–	–	–	–	2	
29 000	380	–	–	–	–	–	–	–	–	–	
2 900	880	6 000	–	165	–	6,6	6 000	700	12 000	1	2 MG 151/20
926	200	–	–	–	–	–	–	–	–	2	
1 620	750	4 000	710	135	–	–	–	110	9 000	1	
30 000	480	–	–	–	–	–	–	–	–	6	
29 800	480	–	–	–	–	–	–	–	–	6	
31 000	440	–	–	–	–	–	–	–	–	6	
34 600	540	–	510	143	–	–	–	3 700	8 800	6	
38 000	555	–	–	–	–	–	–	–	–	6	
1 998	700	–	–	–	–	–	–	–	–	1	
12 670	600	–	–	–	–	–	–	2 000	12 000	2	
4 150	460	–	410	110	–	–	–	–	–	3–4	
36 000	580	–	525	140	–	–	–	2 850	14 300		
4 210	780	6 000	–	140	–	–	–	970	–	1	
4 300	800	–	–	–	–	–	–	–	–	1	
3 400	684		680		13,40	19	7 000	1 560	12 000	2–4	auch Trainer
10 965	872	8 000	–	–	–	10	8 000	1 400	–	2+24	

Bildteil

Abb. 1 Heinkels erstes selbstgebautes Flugzeug 1911

Abb. 2 Heinkels erste Konstruktion für Albatros: FT (Fourniertaube)

Abb. 3 Albatros Chefpilot Reinhold Böhm auf Albatros RE 1

Abb. 4 Albatros RE 2

Abb. 5 Volmoeller auf Albatros WRE, Bodensee-Wettbewerb 1913

Abb. 6 Albatros Type D mit 70 PS Mercedes, auf der Landmann und Böhm die Welt-Dauerrekorde erflogen.

Abb. 7 Albatros Amphibium

Abb. 8 Albatros Type DDK, Rennmaschine für Ernst von Loessl

Abb. 9 Albatros Type DD, mit der Helmuth Hirth nach Monaco flog

Abb. 10 Hirth auf Albatros WDD beim Wettbewerb in Monaco 1913

Abb. 11 Heinkels erste Konstruktion für Hansa-Brandenburg: Schul-Doppeldecker Type D

Abb. 12 Albatros WDD mit geändertem Leitwerk

Abb. 13 Brandenburg-UFAG C I, Lizenz Hansa-Brandenburg Type LDD

Abb. 14 Brandenburg-Phönix B I (FD), Lizenz Hansa-Brandenburg Type FD

Abb. 15 Hansa-Brandenburg Type W, Heinkels erste Konstruktion für die Marine-Fliegertruppe

Abb. 16 Brandenburg-UFAG C I mit erhöhtem MG-Drehring

Abb. 17 Brandenburg-Phönix C I, 1926 als Sportflugzeug in Pilsen, CSR

Abb. 18 Hansa-Brandenburg DD mit 2 MG's für den Beobachter

Abb. 19 Hansa-Brandenburg Kampfzweisitzer MLD

Abb. 20 Hansa-Brandenburg Type NW

Abb. 21 Hansa-Brandenburg Type KDD

Abb. 22 Österreichisches Lohner-Flugboot bei Hansa-Brandenburg in Lizenz gebaut (nur 1 Maschine)

Abb. 23 Oblt. z. S. Christiansen, Seeflugstation Zeebrügge mit Hansa-Brandenburg Flugboot Type FB

Abb. 24 Heinkels erstes zweimotoriges Flugzeug, der Bomber ZM

Abb. 25 Hansa-Brandenburg Type GF mit 2-cm-Becker-Kanone im Bug

Abb. 26 Hansa-Brandenburg Type LW, aus Type LDD entwickelt

Abb. 27 Hansa-Brandenburg Kampfzweisitzer KF

Abb. 28 Brandenburg-UFAG D I, Lizenz Hansa-Brandenburg Type KD

Abb. 29 Hansa-Brandenburg Type KDW

Abb. 30 Einbau des Schwarzlose-MG auf der oberen Tragfläche eines Brandenburg-UFAG D I

Abb. 31 Hansa-Brandenburg KDW mit V-Zusatzstreben

Abb. 32 Brandenburg-Phönix Dr. I, Umbau aus Brandenburg-Phönix KDW

Abb. 33 Hansa-Brandenburg Type CC mit Zusatzverstrebung

Abb. 34 Hansa-Brandenburg Type CC ohne Zusatzstreben

Abb. 35 Brandenburg-Phönix Type KDW, Lizenz Hansa-Brandenburg Type CC

Abb. 36 Hansa-Brandenburg GW, Torpedoflugzeug

Abb. 37 Hansa-Brandenburg Type GDW

Abb. 38 Hansa-Brandenburg Type W 11

Abb. 39 Hansa-Brandenburg Type W 12, Ausführung 1916/17

Abb. 40 Hansa-Brandenburg Type W 12, Ausf. 1918, Seeflugstation Norderney

Abb. 41 Hansa-Brandenburg W 16

Abb. 42 Hansa-Brandenburg W 13

Abb. 43 Hansa-Brandenburg Type GNW

Abb. 44 Hansa-Brandenburg Type KW

Abb. 45 Brandenburg-UFAG KD, Lizenz Hansa-Brandenburg Type K

Abb. 46 Hansa-Brandenburg L 16

Abb. 47 Brandenburg-Phönix C II, Nr. 66.51, Lizenz Hansa-Brandenburg K

Abb. 48 Hansa-Brandenburg L 14

Abb. 49 Hansa-Brandenburg L 15

Abb. 50 Brandenburg-Phönix A 50, Lizenz Hansa-Brandenburg W 18

Abb. 51 Hansa-Brandenburg W 19

Abb. 52 Hansa-Brandenburg W 25

Abb. 53 Ernst Heinkel (3. v. r.) mit Angehörigen des Seeflugzeug-Versuchs-Kommandos vor dem ersten U-Bootflugzeug Hansa-Brandenburg W 20

Abb. 54 Hansa-Brandenburg W 20 Musterflugzeug

Abb. 55 Hansa-Brandenburg W 20 mit Strebenverstärkung

Abb. 56 Hansa-Brandenburg W 27

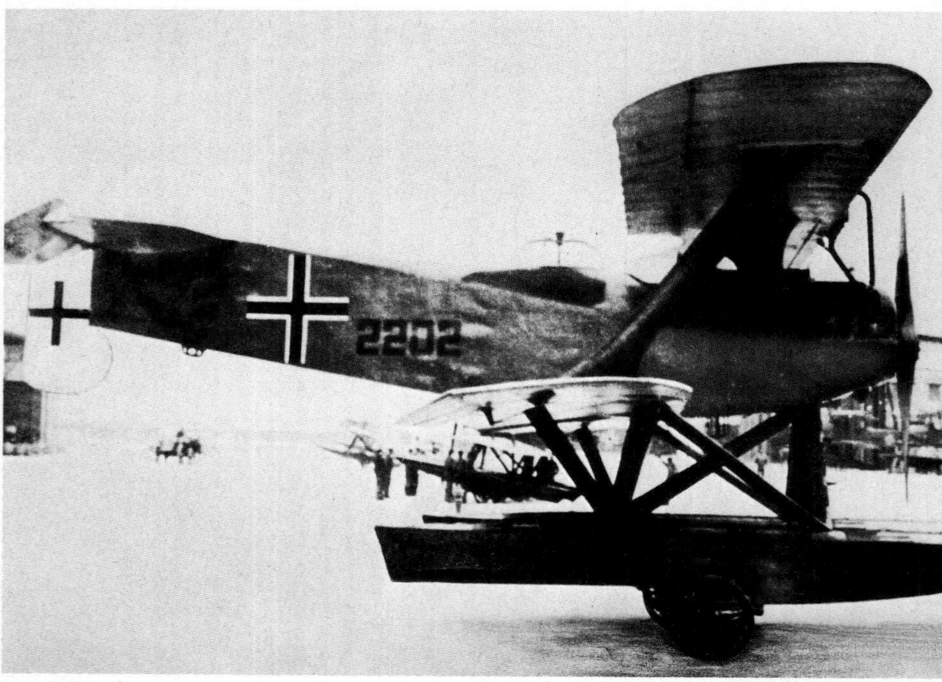

Abb. 57 Hansa-Brandenburg W 26

Abb. 58 Hansa-Brandenburg W 29 der Seeflugstation Norderney

Abb. 59 Hansa-Brandenburg W 32

Abb. 60 Hansa-Brandenburg W 33

Abb. 61 Finnische I.V.L. 22, Nachbau der Hansa-Brandenburg W 34

Abb. 62 Aichi Type 15-Ko »Mi-Go«, Nachbau Hansa-Brandenburg W 34

Abb. 63 Hansa-Brandenburg W 37, modifizierter Nachbau von van Berkel, Holland

Abb. 64 Caspar U 1 der US-Marine

Abb. 65 Caspar S 1

Abb. 66 Heinkel S 1, bei Caspar entwickelt und später als HE 1 bezeichnet

Abb. 67 Heinkel S 2 der Schwedischen Marine, später als HE 2 bezeichnet

Abb. 68 Heinkel HE 3 W

Abb. 69 Heinkel HE 4

Abb. 70 Heinkel HE 5 a

Abb. 71 Heinkel HE 5 b

Abb. 72 Heinkel HE 5 b der Schwedischen Marine

Abb. 73 Heinkel HE 5 d

Abb. 74 Heinkel HE 6

Abb. 75 Heinkel HE 7

Abb. 76 Heinkel HE 8 für Dänemark

Abb. 77 Heinkel HE 9 b

Abb. 78 Heinkel HE 9 c

Abb. 79 Heinkel HE 10

Abb. 80 Katapultstart der Heinkel HE 12 von Bord der »Bremen«

Abb. 81 Heinkel HD 14

Abb. 82 Heinkel HD 15

Abb. 83 Heinkel HD 16 W für Schweden

Abb. 84 Heinkel HE 3 L

Abb. 85 Heinkel HD 16 L für Schweden

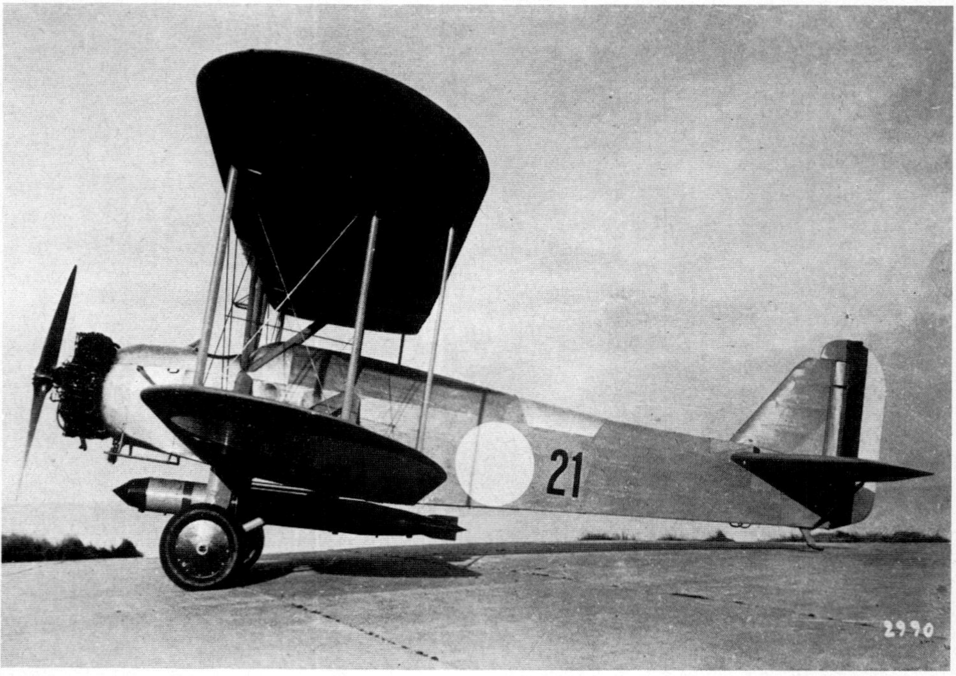

Abb. 86 Heinkel HD 17/II der Reichswehr-Fliegertruppe

Abb. 87 Cox-Klemin XCO-1, Lizenz Heinkel HD 17/I mit Napier »Lion«

Abb. 88 Heinkel HE 18 L

Abb. 89 Heinkel HD 19 W für Schweden

Abb. 90 Cox-Klemin CO-2, Lizenz Heinkel HD 17/I mit Liberty-Motor

Abb. 91 Heinkel HE 18 W

Abb. 92 Heinkel HD 19 L

Abb. 93 Heinkel HD 20

Abb. 94 Polikarpow TB-2

Abb. 95 Heinkel HD 21

Abb. 96 Heinkel HD 25 (Aichi Marine Typ 2, 2sitzig)

Abb. 97 Heinkel HD 22, Reiseflugzeug des US-amerikanischen Luft-Attachés

Abb. 98 Heinkel HD 23 mit abwerfbarem Fahrwerk

Abb. 99 Heinkel HD 24 L

Abb. 100 Heinkel HD 24 W

Abb. 101 Heinkel HD 26 (Aichi Marine Typ 2, einsitzig)

Abb. 102 Heinkel HD 29

Abb. 103 Heinkel HD 27

Abb. 104 Heinkel HD 28 in Japan

Abb. 105 Heinkel HD 30

Abb. 106 Heinkel HE 31

Abb. 107 Heinkel HD 32

Abb. 108 Heinkel HD 33

Abb. 109 Heinkel HD 35

Abb. 110 Heinkel HD 36

Abb. 111 Heinkel HD 37

Abb. 112 Heinkel HD 38aW

Abb. 113 Heinkel HD 34

Abb. 114 Heinkel HD 38b

Abb. 115 Heinkel HD 41b

Abb. 116 Heinkel HD 38bW

Abb. 117 Heinkel HD 38d

Abb. 118 Heinkel HD 40 des Ullstein-Verlags

Abb. 119 Heinkel HD 41a

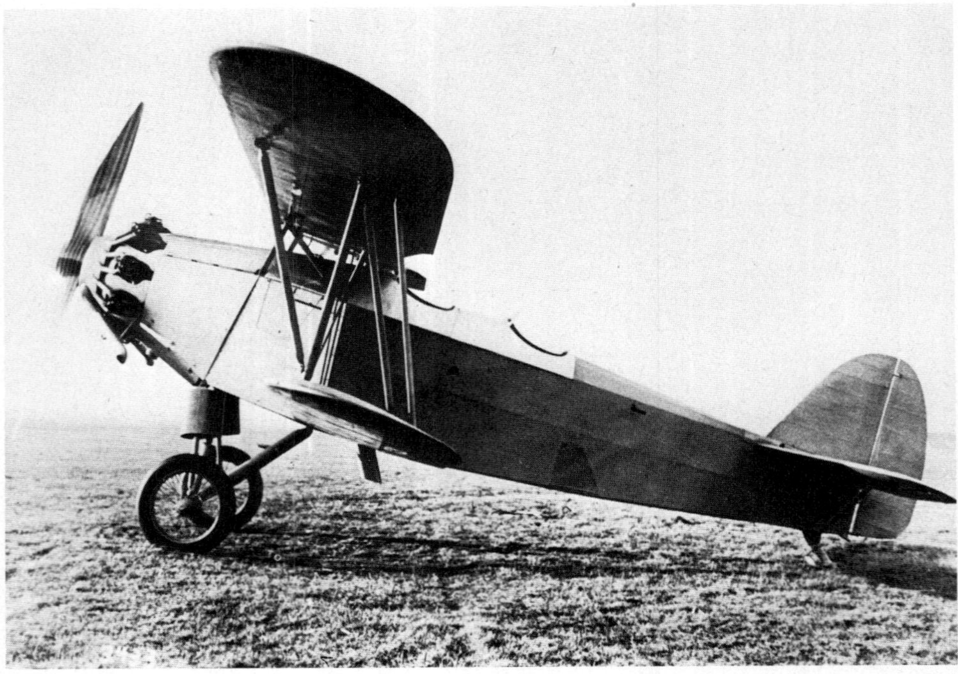

Abb. 120 Heinkel HD 39

Abb. 121 Heinkel HD 43

Abb. 122 Heinkel HD 44

Abb. 123 Heinkel HD 42 = He 42 A

Abb. 124 Heinkel HD 45d = He 45V-4

Abb. 125 Heinkel He 45 B der Legion Condor

Abb. 126 Heinkel HD 46a = He 46V-1

Abb. 127 Heinkel He 46 E

Abb. 128 Heinkel He 46 F der Ungarischen Luftwaffe

Abb. 129 Heinkel HD 49 W

Abb. 130 Heinkel HD 50 aW

Abb. 131 Heinkel HD 50 a = He 50V-1

Abb. 132 Heinkel He 50 A

Abb. 133 Aichi D 1 A 2

Abb. 134 Heinkel He 51 B-2/U1

Abb. 135 Heinkel HD 55a

Abb. 136 USSR KR-1 = Heinkel HD 55

Abb. 137 Heinkel HD 49 L

Abb. 138 Heinkel He 51 A der Spanischen Fliegertruppe

Abb. 139 Heinkel HE 57

Abb. 140 Aichi E 3 A 1 = Heinkel HD 56

Abb. 141 Heinkel HD 59a = He 59V-1

Abb. 142 Heinkel He 59B-3

Abb. 143 Heinkel He 59 N

Abb. 144 Heinkel HE 58 für Lloyd-Dampfer »Europa«

Abb. 145 Heinkel He 60 B

Abb. 146 Heinkel HD 61 für China

Abb. 147 Heinkel HD 60a = He 60V-1

Abb. 148 Heinkel He 62 für Japan

Abb. 149 Heinkel He 63 L

Abb. 150 Heinkel He 63 W

Abb. 151 Heinkel He 64 A

Abb. 152 Heinkel He 64 B

Abb. 153 Heinkel He 65

Abb. 154 Aichi D 3 A 1

Abb. 155 Heinkel He 66 für China

Abb. 156 Heinkel He 70V-1

Abb. 157 Heinkel He 70 G für Japan

Abb. 158 Heinkel He 70 C der Spanischen Luftwaffe

Abb. 159 Heinkel He 70 G der Lufthansa

Abb. 160 Heinkel He 70V-1 für Ungarn

Abb. 161 Heinkel He 70 G für England

Abb. 162 Heinkel He 71a, 1. Ausführung ohne Kabinenabdeckung

Abb. 163 Heinkel He 71b, Umbau für Elli Beinhorn

Abb. 164 Heinkel He 72B-3 »Seekadett«

Abb. 165 Heinkel He 74 B

Abb. 166 Heinkel He 100V-3

Abb. 167 Heinkel He 72B-1 »Kadett«

Abb. 168 Heinkel He 100D-1 Werkschutzstaffel

Abb. 169 Heinkel He 100V-8 (Dieterles Weltrekord 746,5 km/h)

Abb. 170 Heinkel He 111 V-1 (A)

Abb. 171 Heinkel He 111 B-1 der Legion Condor

Abb. 172 Heinkel He 111 B-2 für China

Abb. 173 Heinkel He 111D-0

Abb. 174 Heinkel He 111E-1 (KG 1 »Hindenburg«)

Abb. 175 Heinkel He 111 F für die Türkei

Abb. 176 Heinkel He 111 G-3 (L) der Lufthansa

Abb. 179 Heinkel He 111 P-1

Abb. 178 Heinkel He 111C-1 der Lufthansa

Abb. 179 Heinkel He 111 H-8

Abb. 180 Heinkel He 111 Z

Abb. 181 Heinkel He 112 V-9(B)

Abb. 182 Heinkel He 111 H-16

Abb. 183 Heinkel He 112 V-2(A)

Abb. 184 Heinkel He 114B-3 der Schwedischen Luftwaffe

Abb. 185 Heinkel He 114B-3 mit geändertem V-Stiel für Rumänien

Abb. 186 Heinkel He 115B-1

Abb. 187 Heinkel He 115A-2 für Norwegen

Abb. 188 Heinkel He 115A-2 für Schweden

Abb. 189 Heinkel He 116 A, Ankunft in Japan

Abb. 190 Heinkel He 116 B

Abb. 191 Heinkel He 118V-3

Abb. 192 Heinkel He 118V-5 in Japan

Abb. 193 Heinkel He 119V-2

Abb. 194 Heinkel He 114V-2

Abb. 195 Heinkel He 176 (Modell)

Abb. 196 Heinkel He 119V-5

Abb. 197 Heinkel He 162A-1

Abb. 198 Heinkel He 177A-3

Abb. 199 Heinkel He 177A-0

Abb. 200 Heinkel He 178

Abb. 201 Heinkel He 177A-5

Abb. 202 Heinkel He 177B

Abb. 203 Heinkel He 219A-0

Abb. 204 Heinkel He 270V-1

Abb. 205 Heinkel He 274V-1

Abb. 206 Heinkel He 280V-1 ohne Triebwerksverkleidung

Abb. 207 Heinkel He 280V-3

Abb. 208 Heinkel-Hirth Strahlturbine He S 8 A

Abb. 209 Heinkel-Hirth Strahlturbine He 011V-4